WERKSTATTBÜCHER

FÜR BETRIEBSANGESTELLTE, KONSTRUKTEURE UND FACH-
ARBEITER. HERAUSGEBER DR.-ING. H. HAAKE, HAMBURG

HEFT 40

Das Sägen der Metalle

Konstruktion und Arbeitsbedingungen der Sägeblätter
Auswahl der Maschinen

Von

Dipl.-Ing. Joh. Hollaender

Baurat

Zweite, neubearbeitete Auflage
(7. bis 12. Tausend)

Mit 114 Abbildungen

Springer-Verlag

Berlin / Göttingen / Heidelberg

1951

ISBN 978-3-540-01589-5   ISBN 978-3-642-86082-9 (eBook)
DOI 10.1007/978-3-642-86082-9

Inhaltsverzeichnis.

Bei Zeitangaben bedeutet: s = Sekunde, min = Minute, h = Stunde.

Überblick über die spangebenden Trennverfahren.

Das Sägen der Metalle[1] ist für alle metallverarbeitenden Betriebe ein äußerst wichtiges Arbeitsverfahren, das aber meist nur stiefmütterlich behandelt wird. Zeitgemäße Sägemaschinen und die dazu gehörigen Werkzeuge sind noch vielfach unbekannt, und die Leistungen, die mit ihnen erzielt werden können, erregen oft das Staunen der Fachleute, die sich bisher noch nicht mit diesen Maschinen befaßt hatten. Die Sägemaschinen stehen in vielen Betrieben im Rohstofflager, und ihre Bedienung und Instandhaltung wird ungelernten Hilfsarbeitern überlassen, die wenig von ihrer Arbeit verstehen und Maschinen und Sägeblätter eben nur bedienen und nicht instandhalten. Wirtschaftliche Schnittleistungen werden dann nicht erreicht, und viel Geld wird vergeudet, das leicht durch einige Sachkenntnis erspart werden könnte. Das Werkzeug, das Sägeblatt, seine richtige Wahl, Behandlung und Instandhaltung spielt neben einer leistungsfähigen Maschine die Hauptrolle. Auch wo man die Möglichkeit und Notwendigkeit größerer Sägeleistungen erkannt hat, ist es nicht immer gleich möglich, alle älteren, weniger leistungsfähigen Maschinen durch neue zu ersetzen, obwohl es zweckmäßig wäre, da eine neue Säge bis zu 4—5 ältere Maschinen ersetzen kann. Oft lassen sich aber dann auf solchen Maschinen, die nicht den höchsten Anforderungen entsprechen, durch ein gutes Werkzeug doppelt und dreifach so große Leistungen erzielen als vorher mit schlechten und schlecht instand gehaltenen Werkzeugen.

Für fabrikationsmäßiges Abtrennen von Metallen kommen in der Hauptsache die Kaltkreissägen in Frage. Doch sind auch die Hubsägen zu großer Vollkommenheit entwickelt. Die Schnittzeiten dieser Sägen sind im Vergleich zu den Kreissägen lang, so daß die Hubsägen für ein fabrikationsmäßiges Sägen im allgemeinen nicht gebraucht werden.

Dagegen erfreuen sich die Abstechmaschinen mit selbsttätig zunehmender Spindelgeschwindigkeit einer immer mehr wachsenden Beliebtheit. Die Schnittzeiten entsprechen etwa denen, die auf einer guten Kaltkreissäge erzielt werden können, die Schnittbreiten und damit die Schnittverluste sind auch etwa die gleichen, dagegen die Werkzeuge in der Anschaffung und Instandhaltung wesentlich billiger. Ihr Anwendungsgebiet ist freilich weit geringer, da auf ihnen nur runde Querschnitte geschnitten werden können, während sich auf Kaltkreissägen alle Querschnitte schneiden lassen. Wenn daher Querschnitte aller möglichen Art geschnitten werden müssen, wird es immer zweckmäßiger sein, eine Kaltkreissäge anzuschaffen.

Für Sonderzwecke dienen die Bandsägen, im Hüttenbetriebe werden die Warmsägeblätter und hauptsächlich für Verschrottungsarbeiten die Trennsägeblätter verwendet.

Für zahlreiche zylindrische Hohlteile, die auf anderen Werkzeugmaschinen fertiggestellt werden, lassen sich vorteilhaft oft vereinigte Dreh-, Bohr- und Abstechmaschinen verwenden. Auf diesen Maschinen kann in den meisten Fällen das Werkstück während des Bohrens überdreht und dann von der Stange abgestochen werden. Hierbei wird der Abstechstahl geschont, da die Außenhaut der Stange bereits abgedreht ist. Entsprechend der Größe der Bohrung wird auch beim Abstechen an Arbeitsweg gespart.

---

[1] Die erste Auflage dieses Werkstattbuches ist 1930 erschienen.

I. Die Kaltkreissägen.
A. Die Stahlvollblätter.

Die Entwicklung der Kaltsägeblätter führte von den Stahlvollblättern aus Werkzeug-Kohlenstoffstahl zu den Sägeblättern mit eingesetzten Schnellstahlzähnen. Diese verdrängen heute infolge ihrer höheren Leistungsfähigkeit immer mehr die Vollblätter.

Die Vollblätter werden als gestauchte, geschränkte und verjüngt oder hohl geschliffene Blätter ausgeführt; sie erhalten immer einen verdickten Schneidrand.

Abb. 1.
Gestauchtes Sägeblatt.

Die Erfahrung, daß dies bei Kaltsägeblättern zur Vermeidung des seitlichen Reibens und Klemmens erforderlich ist, ist schon sehr alt. Die Schnittfuge wird entsprechend der größeren Breite an den Zahnschneiden breiter als der übrige Teil des Sägeblattes. Die Seitenflächen des Blattes berühren daher im Schnitt den zu schneidenden Werkstoff nicht, so daß sie seitlich nicht reiben und klemmen.

1. Die gestauchten Sägeblätter. Die älteste Form der Stahlvollblätter sind die Blätter mit gestauchten Zähnen, bei denen der Zahn an der Schneide durch Anstauchen verbreitert wird (Abb. 1). Diese Blätter sollten heute nicht mehr gebraucht werden, da ihre Leistung so gering ist, daß sie in keiner Weise neuzeitlichen Anforderungen entspricht. Die Zahnteilung, von einer Zahnspitze bis zur nächsten gemessen, kann nur sehr gering gewählt werden, und ebenso die Zahntiefe, weil die Zähne zum Stauchen verhältnismäßig klein sein müssen. Dadurch ist auch der gefährliche Querschnitt der auf Biegung beanspruchten Zähne sehr klein und größeren Schneidkräften nicht gewachsen. Die geringe Zahnteilung und Zahntiefe verbieten an sich schon eine größere Spanentwicklung, weil die kleine

Tabelle 1. *Abmessungen der gestauchten Sägeblätter.*

Blatt ⌀ mm	Blattstärke mm	Schnittbreite mm	Zahnteilung mm
300	3	4	5
350	3,5	4,5	5
400	4	5,25	6
450	4	5,5	6
500	4	6	7
550	4,5	6,5	7
600	5	7	8
650	5	7	8
700	5,5	7,5	9
750	6	8	9
800	6,5	8,5	9
850	7	9	10
900	7	9	10
950	7,5	10	10
1000	8	10,5—11	12

Zahnlücke nur sehr wenig Späne aufnehmen kann. Die gestauchten Sägeblätter werden im allgemeinen in den Abmessungen der Tab. 1 ausgeführt. Sie werden beim Härten so behandelt, daß nur die Zähne selbst die Schneidhärte erhalten, während sie im Zahngrund weich sein müssen. Würde die Glashärte der Zähne vom Umfang aus tiefer in das Blatt hineingehen, so würden die kleinen Zähne dem Schnittdruck nicht mehr standhalten können, sondern infolge ihrer Sprödigkeit ausbrechen. Es hätte aber auch gar keinen Zweck, die Blätter tiefer zu härten, da sie doch kaum nachgeschärft werden können. Schon nach kurzer Zeit würde die geringe Anstauchung verloren sein, und die Blätter würden seitlich reiben und klemmen.

Die Blätter sind nach nicht allzu langem Gebrauch nicht mehr verwendungs-
fähig und müssen wieder aufgearbeitet werden. Dies geschieht im allgemeinen am
besten bei der Herstellerfirma. Dort werden die Blätter ausgeglüht und, nachdem
der Zahnkranz abgeschnitten ist, wieder vollkommen neu bearbeitet. Dadurch
werden sie natürlich immer kleiner, können später nur noch auf kleineren Maschinen verwendet werden, bis sie gar nicht mehr gebraucht werden können. Das
oft notwendige Auffrischen, verbunden mit dem kleiner werdenden Durchmesser,
ergibt, obwohl diese Blätter an sich nicht so teuer sind, ein ziemlich kostspieliges
Verfahren, das in Anbetracht der geringen Leistungsfähigkeit heute eigentlich
nicht mehr angewendet werden sollte.

2. Die geschränkten Sägeblätter. Bei den geschränkten Sägeblättern wird abwechselnd ein Zahn nach der einen Seite, der nächste Zahn nach der anderen Seite
geschränkt, um so die größere Breite an der Schnittkante zu
erreichen (Abb. 2). Sie werden mit einer größeren Teilung als
die gestauchten Blätter ausgerüstet, weil zu kleine Zähne nicht
geschränkt werden können, sondern hierbei ausbrechen würden.
Die erzielbare Leistung kann dementsprechend schon etwas
höher sein. Man härtet diese Blätter auch in der Weise, daß
sie unterhalb der Zähne weicher werden; das Nachschärfen ist
auch hier begrenzt, da sehr bald die Wirkung der Schränkung
aufhört. Sie werden hauptsächlich noch in Stahlgießereien zum

Abb. 2.
Geschränktes Sägeblatt.

Absägen der Eingüsse und Köpfe verwendet und behaupten sich dort noch vielfach gegenüber den viel leistungsfähigeren Blättern mit eingesetzten Schnellstahlzähnen, weil es bei diesen Arbeiten sehr oft vorkommt, daß durch Kernstücke
und Lunkerstellen geschnitten werden muß. Nach einem solchen Schnitt ist auch
das beste und teuerste Blatt
stumpf. Man begnügt sich daher in solchen Fällen mit dem
billigeren, aber weniger leistungsfähigen geschränkten
Sägeblatt, um den Betrieb nicht
durch viele solcher Fehlschnitte
mit Schnellstahlblättern zu ver-
teuern. Hinzu kommt, daß sich
gerade noch in vielen Stahlgießereien ältere Sägemaschinen be-
finden, die den Leistungen der
Schnellstahlblätter doch nicht
gewachsen wären. Bis zur Anschaffung von neuen leistungsfähigeren Maschinen verwendet
man daher noch die geschränkten oder auch die gestauchten
Sägeblätter. Die Maße der geschränkten Blätter können aus
Tab. 2 entnommen werden.

Tabelle 2. *Abmessungen der geschränkten Sägeblätter.*

| Blatt ⌀ | Blattstärke | Schnittbreite | Zahnteilung |
mm	mm	mm	mm
300	3	4—4,5	7
350	3,5	4,5	7
400	4	5,5	8
450	4	6—6,5	8
500	5	6,25—7	9
550	5	6,5—7	9
600	5,5	7,5—8	10
650	6	7,5—8	11
700	6,5	8—8,5	12
750	6,5	8,5—9	12
800	6,5	10—10,5	13
850	7	11—12	15
900	8	11—12	15
950	8	11—12	16
1000	8	11—12	18
1100	9	13—13,5	20
1200	9	13,5—14	22
1300	10	14—15	24
1400	10	14—15	24

Einige Male können diese Blätter nachgeschärft werden, bis die Wirkung der
Schränkung aufhört. Sie müssen dann ebenfalls der Herstellerfirma zum Auf-
arbeiten eingesandt werden, das ebenso wie bei den gestauchten Blättern ausgeführt wird.

Beim Stauchen und Schränken der Blätter darf es nicht vorkommen, daß einzelne Zähne seitlich mehr herausstehen als die anderen, da sie beim Arbeiten schnell ausbrechen würden.

3. Die verjüngt und hohlgeschliffenen Sägeblätter. Eine weitere und bessere Ausführungsform der Stahlvollblätter sind die *verjüngten* Kaltsägeblätter. Sie sind an den Seitenflächen so geschliffen, daß sie nach dem Mittelpunkt des Blattes zu bis auf einen Flansch, der zum Aufspannen dient, dünner werden (Abb. 3). Sie erhalten einen breiteren harten Rand von etwa 8—10 cm und können soweit nachgeschärft werden. Nach Abschärfen dieses Randes hat auch die Verjüngung der Blätter soweit nachgelassen, daß sie nicht mehr genügend Freischnitt gibt. Die Blätter müssen dann auch aufgefrischt werden. Zur Vergrößerung der noch zurückgebliebenen Verjüngung werden sie entweder verjüngt nachgeschliffen oder die Zähne werden, wenn es die Zahnteilung zuläßt, etwas angestaucht. Bei dem Nachschleifen zur Verbesserung der Verjüngung muß allerdings berücksichtigt werden, daß die Blätter dabei immer dünner werden, allmählich so dünn, daß sie nicht mehr genügend Starrheit besitzen. Bezüglich der Größe der Blätter gilt dasselbe wie bei den gestauchten und geschränkten Blättern: sie werden beim Auffrischen immer kleiner und sind nach mehrmaligem Auffrischen nicht mehr verwendbar.

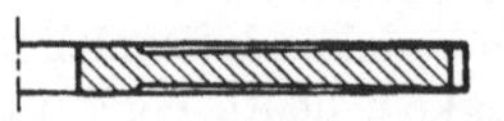

Abb. 3. Verjüngt geschliffenes Sägeblatt.

Durch das Verjüngtschleifen der Blätter wird außerdem noch erreicht, daß die Oberflächen der Blattseiten glatt werden und nicht so rauh sind, wie es bei den roh gewalzten Blechen der gestauchten und geschränkten Sägeblätter nach dem Härten der Fall ist. Sollte dann beim Sägen irgendwie, etwa durch Verspannen des Werkstoffes od. dgl., doch das Werkstück die Seitenflächen des Sägeblattes berühren, so ist die Reibung geringer und unschädlicher als bei den rauhen Blättern. Die Ausführungsmaße sind aus Tab. 3 zu entnehmen, die Verjüngung beträgt etwa 1—2 mm bis zum Flansch.

Tabelle 3. *Abmessungen der verjüngten Sägeblätter.*

Blatt ⌀ mm	Schnittbreite mm	Zahnteilung mm
300	3	7
350	3,5	7
400	4	8
450	4	8
500	5	9
550	5	9
600	5,5	10
650	6	11
700	6,5	12
750	6,5	12
800	6,5	13
850	7	15
900	8	15
950	8	16
1000	8	18
1100	9	20
1200	9	22
1300	10	24
1400	10	24

Eine Abart der verjüngt geschliffenen Blätter sind die *hohl* geschliffenen. Die ganze Verjüngung ist bei ihnen in einen schmalen Rand verlegt und der übrige Teil des Blattes planparallel geschliffen (Abb. 4). Das hat den Vorteil, daß das Blatt besser frei schneidet, den Nachteil, daß es nach Abschärfen dieses Randes nicht mehr gebraucht werden kann, da das Blatt für ein Nachschleifen zu schwach ist. Außerdem leidet auch die Starrheit des Blattes etwas, da sein größerer Teil dünner ist als bei dem verjüngt geschliffenen; die Bearbeitungskosten für dieses Blatt werden infolge des teureren Schleifens auch höher.

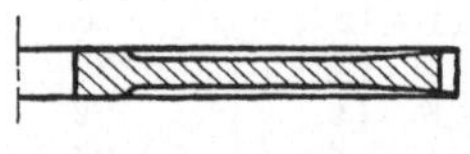

Abb. 4. Hohl geschliffenes Sägeblatt.

Die Schnittgeschwindigkeiten können bei den gestauchten Blättern je nach dem zu schneidenden Werkstoff bis etwa 8 m/min bei sehr geringem Vorschub gewählt werden, bei den geschränkten und verjüngten Blättern bis zu 12 m/min, wobei der Vorschub je nach dem Werkstoff bis zu 2—3 mm für jede Umdrehung des Sägeblattes betragen kann.

4. Werkstoff der Stahlvollblätter. Alle drei Arten Sägeblätter werden von einigen Firmen der Billigkeit halber aus gewöhnlichem Siemens-Martinstahl hergestellt und finden auch so für einige untergeordnete Zwecke noch Verwendung. Man kann von diesen Blättern natürlich nicht die Schnitthaltigkeit verlangen wie von Blättern aus Werkzeug-Edelstahl. Für die Blätter aus Werkzeug-Edelstahl wird im allgemeinen ein niedrig legierter Chromstahl verwendet. Die Härtesteigerung durch Chromzusatz ist deshalb erforderlich, weil die Kaltsägeblätter wegen des zu großen Verziehens bei Wasserhärtung in Öl gehärtet werden müssen. Um das Werfen der Blätter weiter zu vermindern, werden sie zwischen zwei eisernen Platten, der sogenannten Quette, im Öl abgeschreckt, wo sie solange verbleiben, bis sie genügend erkaltet sind. Wenn die Blätter trotzdem nach dem Härten noch ballig sind, so muß dies durch Richten mit dem Hammer beseitigt werden.

Zur Erhöhung der Schnitthaltigkeit und der Schnittleistungen können auch die geschränkten und verjüngten Sägeblätter aus einem Kohlenstoffstahl mit geringem Zusatz von Wolfram gefertigt werden. Sie werden dann oft fälschlicherweise als Schnellstahlblätter bezeichnet und so in den Handel gebracht. Da bei einer oberflächlichen Schleifprobe schon bei geringstem Wolframzusatz die für Schnellstahl charakteristischen roten Funken erscheinen, ist eine Täuschung möglich. Infolge ihrer höheren Leistung gegenüber den reinen Kohlenstoffstahlblättern werden diese Blätter dann auch in der Werkstatt oft nicht als Falschlieferung erkannt, obwohl ihre Leistung bei weitem nicht die der Schnellstahlblätter erreicht.

Blätter von 300 mm $\emptyset$ aufwärts ganz aus Schnellstahl herzustellen, hat sich nicht bewährt. Beim Härten und Schleifen entsteht infolge Härtespannungen zuviel Ausschuß, der mit in den Preis einkalkuliert werden muß, und im Gebrauch werden sie auch zu teuer, da der Verlust beim Ausbrechen einzelner Zähne zu groß wird. Statt größerer Vollblätter aus Schnellstahl verwendet man Blätter mit eingesetzten Schnellstahlzähnen.

5. Metallkreissägeblätter. Sägeblätter unter 300 mm $\emptyset$, die auch vielfach auf Fräsmaschinen gebraucht werden, bezeichnet man als Metallkreissägen. Sie werden aus gewöhnlichem Werkzeugstahl, niedrig legiertem Wolframstahl oder Schnellstahl hergestellt. Die Blätter aus Kohlenstoffstahl werden mehr oder weniger stark angelassen, wodurch verschiedene Härtegrade erzielt werden. Die weicheren Blätter dienen zum Bearbeiten der härteren Werkstoffe, während sich die härteren mehr für weichere Werkstoffe eignen. Je nach dem Verwendungszweck werden die Metallkreissägen in sehr viel verschiedenen Ausführungen und Stärken angefertigt. Sie sind durch DIN 1838 (Tab. 4) genormt, werden in der Regel verjüngt oder bei den größeren Durchmessern mit gutem Erfolge auch hohl geschliffen. Auf der Fräsmaschine können sie mit Satzfräsern zusammengestellt werden oder auch zu mehreren nebeneinander zum Absägen von gleichbreiten Stücken von der Stange auf einen Fräsdorn aufgespannt werden.

Als Schlitzfräser für flache Schlitze werden sie nach DIN 1837 (Tab. 5) ausgeführt. Diese zeichnen sich durch besonders kleine Zahnteilungen aus. Wegen der geringen Schnittiefe brauchen sie seitlich nicht geschliffen zu werden.

Für das Schneiden von Blei und ähnlichen Werkstoffen, wie sie z. B. in Druckereien viel gebraucht werden, werden die Sägeblätter meist wie Holzkreissägeblätter, d. h. mit etwas geschränkten Zähnen, hergestellt und laufen auch mit den bei Holz üblichen hohen Schnittgeschwindigkeiten.

Tabelle 4. *Abmessungen der Metallkreissägen.*

	Metallkreissägeblätter grobgezahnt Werkzeuge	Auszug[1] aus $\overline{\text{DIN}}$ 1838 März 1951

Maße in mm

$D_{j\,15}$	50	63	80	100	125	160	200	250*	315*
$d_1^{\;H7}$	13	16	22	22	22	32	32	32	40
$d_2\,_{j18}$	25	32	36	40	40	63	63	63	80
b_{j11}	Zähnezahlen								
0,5	48	64							
0,6	48	64	64	80					
0,8	48	48	64	80	80				
1	40	48	64	64	80	100			
	32	40	40	48	64	80			
1,2	40	48	48	64	80	100	100		
	32	32	40	48	64	64	80		
1,6	40	40	48	64	80	80	100	128	
	24	32	40	48	48	64	80	80	
2	32	40	48	64	64	80	100	100	
	24	32	40	40	48	64	64	80	
2,5	32	40	48	48	64	80	80	100	128
	24	32	32	40	48	48	64	80	80
3	32	40	40	48	64	64	80	100	100
	24	24	32	40	40	48	64	64	80
4	32	32	40	48	48	64	80	80	100
	20	24	32	32	40	48	48	64	80
5	24	32	40	40	48	64	64	80	100
	20	24	24	32	40	40	48	64	64
6	24	32	32	40	48	48	64	80	80
	20	20	24	32	32	40	48	48	64

* Diese Metallkreissägeblätter können auch mit Mitnahmelöchern entsprechend DIN 55084 Blatt 1, Kaltkreissägemaschinen, geliefert werden; bei Bestellung besonders angeben.
Zahnform, seitlicher Freischliff, Herstellungsgenauigkeit nach DIN 1840.
Falls Bohrung nach DIN 138, besonders angeben.

Alle Metallkreissägen erhalten zweckmäßig Schneidwinkel, wie sie auf S. 13 besprochen werden. Dies ist zwar noch nicht überall eingeführt, ist aber erstrebenswert.

B. Kaltsägeblätter mit eingesetzten Schnellstahlzähnen.

Es gibt eine ganze Reihe von Konstruktionen für das Einsetzen der Schnellstahlzähne in die Sägenbleche aus Siemens-Martinstahl, die man allgemein als Stammblätter bezeichnet.

6. Blätter mit eingesetzten Einzelzähnen. a) Einfache Einzelzähne. Die einfachste Konstruktion dieser Art sind die Einzelzähne, die sich gegen das Stammblatt abstützen, im folgenden kurz „einfacher Einzelzahn" gennant (Abb. 5).

---

[1] Bei Bestellung wird empfohlen, die beim Beuth-Vertrieb erhältlichen Normblätter zugrunde zu legen.

Tabelle 5. *Abmessungen der Schlitzfräser.*

Metallkreissägeblätter feingezahnt	Auszug[1] aus DIN 1837 März 1951

Maße in mm

$D\,j_{15}$	20	25	30	40	50	63	80	100	125	160	200	250	315
$d_1\,{}^{H7}$	5	8	8	10	13	16	22	22	22	32	32	32	40
$d_2\,j_{18}$	10	12	14	18	25	32	36	40	40	63	63	63	80
$b\,j_{11}$	Zähnezahlen												
0,2	80	80	100	128	128								
0,25	64	80	100	100	128	160							
0,3	64	80	80	100	128	128	160						
0,4	64	64	80	100	100	128	160						
0,5	48	64	80	80	100	128	128	160					
0,6	48	64	64	80	100	100	128	160	160				
0,8	48	48	64	80	80	100	128	128	160				
1	40	48	64	64	80	100	100	128	160	160	200		
1,2	40	48	48	64	80	80	100	128	128	160	200		
1,6	40	40	48	64	64	80	100	100	128	160	160	200	
2	32	40	48	48	64	80	80	100	128	128	160	200	
2,5	32	40	40	48	64	64	80	100	100	128	160	160	200
3	32	32	40	48	48	64	80	80	100	128	128	160	200
4	24	32	40	40	48	64	64	80	100	100	128	160	160
5	24	32	32	40	48	48	64	80	80	100	128	128	160
6	24	24	32	40	40	48	64	64	80	100	100	128	160

Zahnform, seitlicher Freischliff, Herstellungsgenauigkeit nach DIN 1840.
Falls Bohrungen nach DIN 138, besonders angeben.

Hierzu wird in das Stammblatt ein Schlitz eingefräst und in ihn der vorher fertig
bearbeitete und gehärtete Zahn eingesetzt, der quadratisch oder rechteckig sein
kann (Abb. 5). Er wird in dem Stammblatt verschieden
befestigt, jedoch immer so, daß er nicht seitlich aus
dem Stammblatt herausgedrückt und beim Arbeiten
nicht in radialer Richtung herausgezogen werden kann.
Die seitliche Befestigung kann dadurch erreicht werden,
daß die Zähne in ihrer Längsrichtung mit einer Rippe
oder Feder versehen werden, die in eine in den Stamm-
blattschlitz eingefräste Nut eingreift. Manche Konstruktionen begnügen sich nicht mit *einer* solchen Rippe,

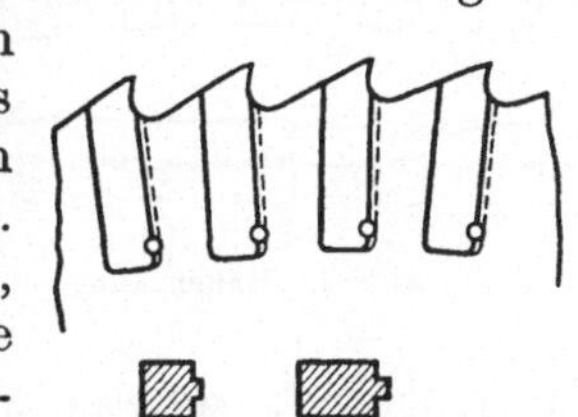

Abb. 5. Einfache Einzelzähne.

sondern geben den Zähnen auf ihren beiden im Stammblatt anliegenden Flächen
je eine Längsrippe oder bringen an der unteren Seite des Zahnes noch eine Rippe
an. Zu einer sicheren seitlichen Befestigung genügt aber eine Längsrippe vollkommen, die weiteren noch angebrachten Rippen ergeben keinen Vorteil mehr.
Zur Befestigung gegen Herausziehen wird der Zahn im allgemeinen mit dem Stammblatt durch einen Stift vernietet. Der Zahn erhält an seinem unteren Teil eine

halbkreisförmige Rille und das Stammblatt an entsprechender Stelle ebenfalls, so daß sie zusammen ein kreisförmiges Loch bilden. In dieses Loch wird ein Stift stramm hineingeschlagen und vernietet.

Der gehärtete Schnellstahlzahn stützt sich bei dieser Ausführung gegen das weichere Stammblatt. Bei Zahnbrüchen kommt es daher leicht vor, daß auch die hinter dem Zahn liegende Stammblattzunge mit verletzt und nach hinten gebogen wird (Abb. 6), so daß es schwierig ist, einen Ersatzzahn neu einzusetzen, weil nun die richtige Anlagefläche fehlt. Durch Übergang von dem quadratischen Zahn auf den rechteckigen unter Verbreiterung der dem Schnittdruck entgegenstehenden Rechteckseite ist die Festigkeit des Zahnes gegen Bruch vergrößert, aber die Verletzungsmöglichkeit der Stammblattzunge nicht beseitigt. Ein weiterer Nachteil dieser einfachsten und damit billigsten Ausführungsart liegt darin, daß die Zahnteilung nicht immer dem zu schneidenden Schnittgut angepaßt werden kann. Die Stammblattzunge muß eine gewisse Breite haben, um dem Schnittdruck genügend Widerstand leisten zu können. Da sie nur ein Stück der Zahnteilung ausmacht und zu diesem noch die Zahnbreite hinzukommt, kann man mit der Teilung nicht unter ein gewisses Maß heruntergehen und kleine Zahnteilungen, wie sie für manche Arbeiten benötigt werden, nicht ausführen. Dagegen können die Zahnteilungen beliebig groß gewählt werden, was für das Schneiden von weicheren Stoffen, wie Kupfer und Messing usw., günstig ist.

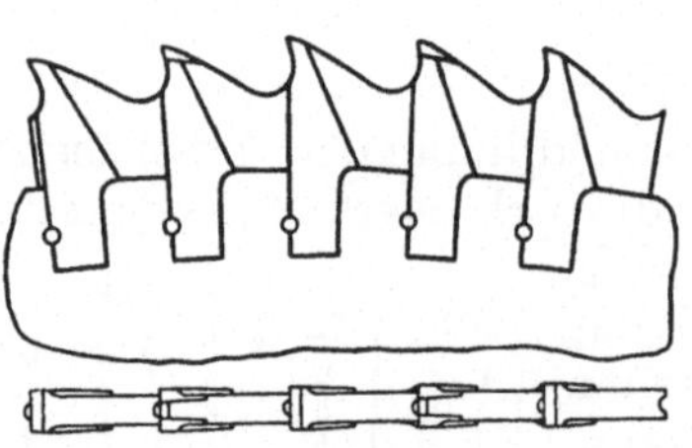

Abb. 6.
Ausgebrochener Zahn und verletzte Stammblattzunge.

b) Hakenförmige Einzelzähne. Eine Abart dieser Blätter mit sich *gegen das Stammblatt* abstützenden Zähnen bilden die Blätter mit sich *gegenseitig* abstützenden Zähnen. Die Zähne greifen hakenförmig über das Stammblatt hinweg, und der Zahnrücken des einen Zahnes legt sich gegen die Zahnbrust des nächsten Zahnes. Im folgenden seien diese Zähne kurz „hakenförmige" Zähne genannt. Befestigt werden sie ähnlich wie die vorigen Zähne: durch Feder und Nut in seitlicher Richtung und durch Nietstift in radialer (Abb. 7). Durch das gegenseitige Abstützen der gehärteten Schnellstahlzähne wird der Schnittdruck auf mehrere Zähne verteilt, und es wird vermieden, daß er sich unmittelbar auf das weichere Stammblatt überträgt und daß bei etwaigen Zahnbrüchen auch gleich die Stammblattzunge mit verletzt wird.

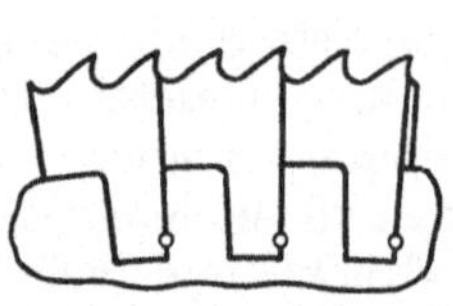

Abb. 7. Hakenzähne.

Abb. 8.
Unterteilte Hakenzähne.

Es muß allerdings bei diesen Blättern ganz besonders gut aufgepaßt werden, damit bei Bruch eines Zahnes die Maschine gleich angehalten werden kann. Da sich ein Zahn gegen den nächsten legt, werden sich bei Ausbrechen eines Zahnes auch die vor der entstandenen Lücke sitzenden Zähne lockern oder ausbrechen, weil der geschlossene Zahnkranz gestört ist und die Zähne ihren Halt verloren haben. Vorteilhaft ist es bei diesen Blättern, daß die Zahnteilung beliebig klein gehalten werden kann, und zwar durch Einfräsen mehrerer Zähne in ein einzelnes Zahnstück (Abb. 8). Die Zähne ähneln dann den später beschriebenen Zahnsegmenten. Auch große Zahnteilungen können gut hergestellt werden.

Diesen beiden Ausführungsarten ist gemeinsam, daß die Zähne sehr stramm in die Stammblattschlitze eingepaßt werden müssen, damit sie sehr gut im Stammblatt festsitzen und sich nicht lockern können. Bei den Hakenzähnen kommt noch hinzu, daß auch der Zahnrücken fest an der Brust des folgenden Zahnes anliegen muß. Das Einpassen der einzelnen Einzelzähne ist entsprechend einfach, weil nur zwei Paßflächen vorhanden sind, während bei den Hakenzähnen drei Flächen anzupassen sind, die beiden Randflächen des Zahnfußes und die Rücken- bzw. Spanfläche. Der Verbrauch an Schnellstahl ist bei den Hakenzähnen sehr viel größer als bei den einfachen Einzelzähnen, was aus einem Vergleich der beiden Abb. 5 und 7 unmittelbar hervorgeht. Der Preis der Blätter mit Hakenzähnen muß daher auch höher sein als der der Blätter mit einfachen Einzelzähnen. Beim Nachschärfen der Blätter mit Hakenzähnen werden die Stammblätter nicht berührt und können nach Verbrauch der Schnellstahlzähne immer wieder mit neuen Zähnen versehen werden, so daß die einmal verwendeten Stammblätter sehr lange Zeit ausgenutzt werden können. Bei den Blättern mit einfachen Einzelzähnen wird beim Nachschärfen stets das Stammblatt mit abgeschärft und dadurch immer kleiner. Nach Verbrauch der Schnellstahlzähne müssen die Stammblätter wieder neu eingefräst werden, um neue Zähne einsetzen zu können. Nach einigen Erneuerungen ist das Stammblatt zu klein geworden und nicht mehr verwendbar (Abb. 9).

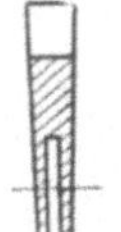

Abb. 9. Abnutzung beim Schärfen.　　　　　　Abb. 10. Zahnsegmente.

7. Blätter mit eingesetzten Zahnsegmenten. Die Blätter mit eingesetzten Segmenten werden in zwei Ausführungsformen hergestellt (Abb. 10). Bei der einen Art werden die Stammblätter seitlich am Rande so weit abgedreht, daß ein schmaler Steg stehen bleibt, und die Segmente greifen mit zwei seitlichen Lappen über das Stammblatt weg. Bei der anderen Art wird das Stammblatt nutartig ausgedreht, und das Segment wird mit einem Steg in die Stammblattnut eingeschoben. So sitzen die Segmente seitlich fest; radial werden sie mit drei oder vier Nieten befestigt, außerdem wird jedes einzelne noch an seinen Berührungsflächen durch einen Niet gesichert. Wir haben es hier ebenfalls mit einem geschlossenen Zahnkranz zu tun. Die Befestigung der Segmente ist in beiden Richtungen sehr gut, da die Niete viel stärker ausgebildet werden können als bei den Einzelzähnen. Bei Zahnbrüchen muß allerdings immer ein ganzes Segment ausgewechselt werden, wenn auch nur ein Zahn ausgebrochen ist, wodurch der Zahnersatz teurer wird als bei den anderen Systemen.

Beim Auswechseln beschädigter Segmente müssen die Nietköpfe auf dem Nietamboß satt aufliegen. Prellschläge und die beim Stauchen der Versenkniete auftretenden Spannungen können sonst zur Rißbildung führen. Die Schnellstahlsegmente sind an den Nietverbindungsstellen nur auf die Festigkeit der Stammblätter vergütet, damit sie an diesen Stellen weniger empfindlich sind.

Die Zahnteilung kann durch Einfräsen von mehr oder weniger Zähnen in die Segmente so klein oder so groß wie nötig gewählt werden. Der Schnellstahlbedarf ist etwa der gleiche wie bei den Hakenzähnen, auch können die Stammblätter immer wieder unter Beibehaltung des gleichen Durchmessers neu gezahnt werden.

Eine andere Ausführung der Segmente zeigt Abb. 11, das als Einzelzahnsegment ausgebildet ist, wodurch das Auswechseln eines einzelnen beschädigten Zahnes erleichtert und verbilligt wird. Es läßt sich aber auch bei erforderlicher kleinerer Zahnteilung in mehrere Zähne unterteilen (Abb. 12).

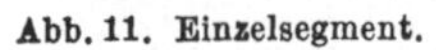

Abb. 11. Einzelsegment.

Zur Ersparung von Schnellstahl werden die Segmente, besonders bei den größeren Abmessungen, zuweilen auch so hergestellt, daß das Segment aus zwei Teilen zusammengeschweißt ist. Der untere Teil des Segmentes, der die Nietlöcher und den Schlitz umfaßt, besteht aus Stahl und nur der obere Teil mit den Zähnen aus hochwertigem Schnellstahl. Desgleichen werden auch die größeren Hakenzähne bei den großen Blattdurchmessern bis etwa 2000 mm mit einer aufgeschweißten Schnellstahlplatte an den Zahnflanken versehen, während der in das Stammblatt eingesetzte Zahnkörper aus gewöhnlichem Stahl besteht.

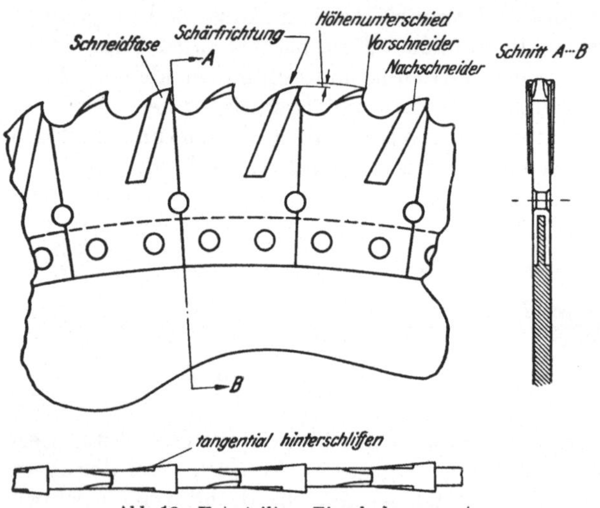

Abb. 12. Unterteiltes Einzelzahnsegment.

8. Schleifen und Richten. Um seitliches Klemmen zu vermeiden, werden alle eingesetzten Schnellstahlzähne nach Art der hohl geschliffenen Sägeblätter geschliffen (Abb. 13): die Zähne sind vom Umfang bis zum Zahnfußende verjüngt. Die Stärke des Fußendes entspricht der Stärke des Stammblattes, das im allgemeinen nur eben geschliffen wird. Es geschieht dies deswegen, weil die Stammblätter, bereits so dünn wie möglich, durch ein verjüngtes Schleifen zu sehr geschwächt würden und nicht mehr starr genug wären.

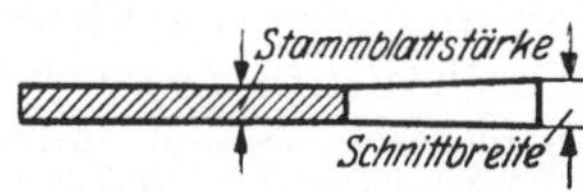

Abb. 13. Hohlschliff der Blätter mit eingesetzten Zähnen.

Alle Sägeblätter müssen ganz starr gerade und richtig *gespannt* sein, damit sie beim Arbeiten nicht verlaufen. Durch richtig verteilte Hammerschläge wird zunächst das Sägeblatt genau gerade gerichtet und dadurch eine solche Spannung im Sägeblatt hervorgerufen, daß es vollständig stramm ist und vom Umfang bis zur Blattmitte gleiche Spannung herrscht. Da die Kaltsägeblätter verhältnismäßig langsam laufen, bildet die eigene innere Festigkeit den einzigen Widerstand gegen Verbiegen des Blattes beim Einschneiden in das Werkstück. Diese wird durch eine starke, gleichmäßig in dem Blatt verteilte Spannung, die durch ein sachgemäßes Richten erzeugt wird, entsprechend erhöht. Das Richten und Spannen der Sägeblätter bis etwa 800 mm ⌀ kann von einem Mann ausgeführt werden, für die Blätter bis etwa 1200 mm ⌀ werden zwei Mann und für die noch größeren Blätter drei Mann benötigt (vgl. auch Abb. 79 auf S. 40).

C. Maßnahmen zur Verbesserung der Schneidfähigkeit.

9. Richtige Wahl der Schneidwinkel. Bis in die Jahre 1922/23 wurden in Deutschland die Kaltsägeblätter fast alle, die Stahlvollblätter sowohl als auch die Blätter

mit eingesetzten Schnellstahlzähnen, mit gerader Zahnbrust (Spanfläche) hergestellt, also ohne jeden Spanwinkel (Benennung und Bezeichnung der Schneidwinkel
sind entsprechend DIN 768 in Abb. 14 dargestellt). Die Folge des fehlenden Spanwinkels war, daß der Zahn nicht schnitt, sondern bei geringer Schnittleistung den
Werkstoff wegquetschte.

Bei der Spanabtrennung wird der Span unter einem bestimmten Winkel zur
Spanabflußrichtung abgeschoben und umgebogen (Abb. 15). Der Teil der Schnitt-

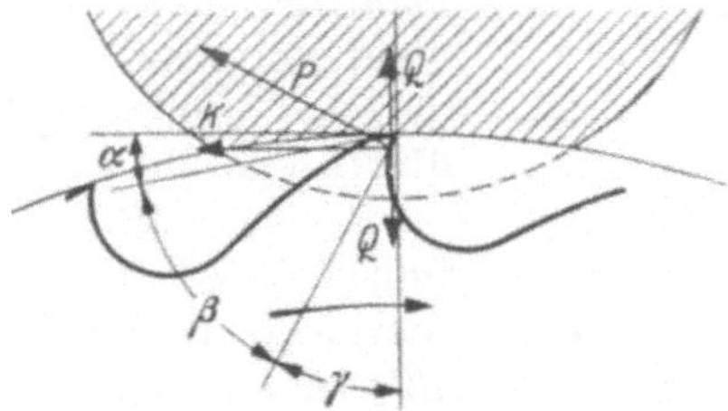

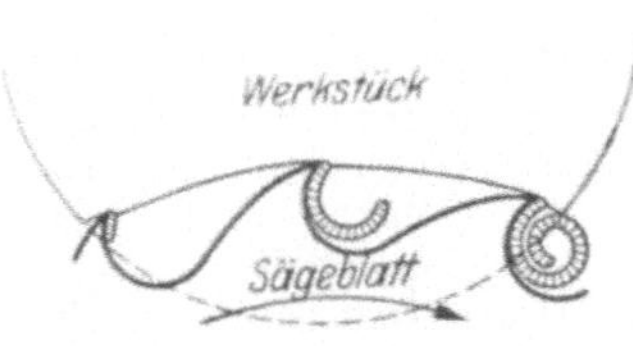

Abb. 14. Bezeichnung der Schneidwinkel.
α = Freiwinkel; β = Keilwinkel; γ = Spanwinkel.

Abb. 15. Spanbildung.

arbeit, der zum Umbiegen des Spanes aufgewendet werden muß, macht einen großen
Teil der Zerspanungsarbeit aus und wird um so größer, je stärker der Span abge-
bogen werden muß. Bei $\gamma = 0$, also radialer Zahnfläche, wird diese Umbiegungs-
arbeit am größten, und ebenso der Gesamtschnittdruck P. Bei den höheren Leistungen, wie sie heute auf den modernen Kaltkreissägemaschinen verlangt werden,
könnten die Zähne mit radialer Zahnfläche dem hohen Schnittdruck nicht mehr
standhalten bzw. wären einer solch hohen Beanspruchung ausgesetzt, daß sie in
kürzester Zeit ausbrechen oder doch stumpf würden. Durch einen auch beim Drehstahl üblichen Spanwinkel $\gamma > 0$ werden Spanumbiegungsarbeit und Schnittdruck wesentlich herabgesetzt und damit auch der Kraftverbrauch.

Der Gesamtschnittdruck P (Abb. 14) setzt sich aus zwei Teilkräften zusammen,
dem Hauptschnittdruck K, von dem die Schnittleistung abhängig ist, und dem
Vorschubdruck oder Rückdruck Q. Beide Kräfte werden bei wachsendem γ kleiner,
und Q kann sogar, wenn γ sehr groß ist, negativ werden, also in entgegengesetzter
Richtung auftreten, d. h. in das Werkstück
hineingerichtet sein. Das hat zur Folge,
daß Q den Zahn aus dem Stammblatt
herauszuziehen sucht. Es müssen also die
Zähne bei einem großen Spanwinkel und
bei hohen Leistungen ganz besonders gut
in dem Stammblatt in radialer Richtung
befestigt sein. Bei den Segmentblättern
ist die Befestigung der Segmente in dieser
Beziehung ganz besonders gut, obwohl
auch bei den anderen Blattkonstruktionen
bei guter Herstellung die radiale Befestigung kräftig genug ist.

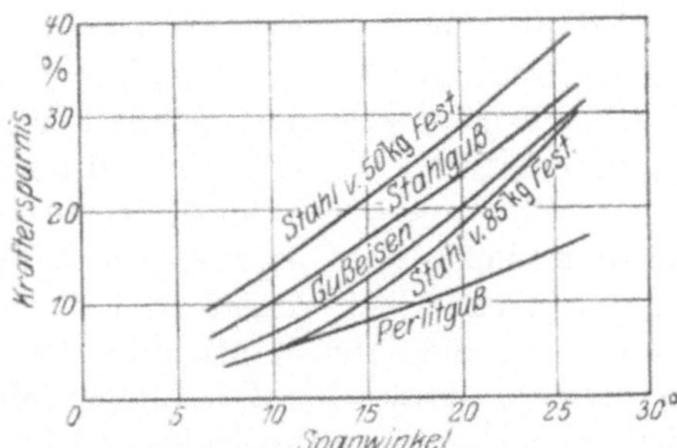

Abb. 16. Kraftersparnis durch größeren Spanwinkel.

Durch einen Spanwinkel $\gamma > 0$ wird die Zahnschneide spitzer und durch die
auftretende Zerspanungswärme leichter angelassen als eine stumpfere Schneide.
Es muß daher darauf geachtet werden, daß der Freiwinkel α nicht zu groß ist, da
er bei festliegendem Spanwinkel die Größe des Keilwinkels β bestimmt. Je größer
aber β ist, desto besser wird die Zerspanungswärme abgeleitet und die Zahnschneide
vor Stumpfwerden geschützt. Daher kann man auch mit dem Spanwinkel nicht so

hoch hinaufgehen, wie es für die Verbesserung des Kraftverbrauches gut wäre, weil dadurch der Keilwinkel, und damit die Lebensdauer der Schneide, zu klein würde. Aus den Kurven der Abb. 16 ist die Kraftersparnis bei Anwendung von verschiedenen Spanwinkeln beim Sägen der hauptsächlichsten Werkstoffe gegenüber einem Blatt, dessen Zähne keinen Spanwinkel haben, also radial stehen, zu ersehen. Die Kraftersparnis ist bei den größeren Spanwinkeln am größten, aus den oben angeführten Gründen wählt man aber die Spanwinkel nicht so groß. Erprobte günstige Spanwinkel gibt die Tab. 6.

Tabelle 6. *Schneidwinkel.*

Werkstoff	Spanwinkel γ	Freiwinkel α
Kupfer, ganz weicher Stahl	25—28°	7—10°
Stahl bis 50 kg Festigkeit .	18—22°	6—8°
Stahl bis 75 kg Festigkeit .	15—20°	5—7°
Stahl über 75 kg Festigkeit und legierte Stähle . . .	10—15°	5—6°
Messing	0—8°	5—6°

Es ist natürlich nicht immer möglich, für verschiedene Stahlqualitäten Blätter mit verschiedenen Spanwinkeln zu benützen, die Sägeblätter müßten zuoft ausgespannt oder die Spanwinkel umgeschliffen werden. Das ist aber zu umständlich und bringt auch keinen genügenden wirtschaftlichen Vorteil. Man wählt daher für Stahl meist einen Einheitsspanwinkel von etwa 22° und einen Freiwinkel von etwa 6°.

Neben der Verringerung der Spanumbiegearbeit spielt zur Verringerung des Kraftverbrauchs noch die Spanableitung eine große Rolle. Der Span soll auf seinem Wege an der Zahnbrust entlang möglichst wenig Widerstand finden. Dagegen wird viel gesündigt. Die Zahnlücke muß so ausgebildet werden, daß sie dieser Forderung gerecht wird. Dazu gehört vor allen Dingen, daß sie eine große Abrundung erhält, und zwar so, daß die Rundung schon an der Zahnschneide beginnt (Abb. 17). Es hat sich herausgestellt, daß ein gerades Stück an der Zahnspitze, wie

Abb. 17. Richtige Zahnlücke.   Abb. 18. Fehlerhafte Zahnlücke.

es vielfach noch ausgeführt wird (Abb. 18), für die Spanentwicklung sehr schädlich ist. Der Span folgt bei seiner Abnahme dann zunächst diesem geraden Stück und staucht sich bei Beginn der Rundung fest zusammen. Dadurch kann er so warm werden, daß er sich an der Zahnschneide festsetzt. Wenn derselbe Zahn nach einem Umlauf dann wieder in Eingriff kommt, löst sich der vorher hängengebliebene Span nicht gleich von der Zahnschneide, der nächste Span schiebt sich dahinter und staucht sich noch mehr zusammen, bis die Zahnlücke verstopft ist, wodurch dann Zahnbruch entsteht. Wenn dagegen die Rundung an der Schneide beginnt, fängt der Span sofort an, sich aufzurollen, findet keine Gelegenheit festzukleben und fällt aus der Lücke leicht heraus. Die Zahnlücke muß so groß sein, daß der abgenommene Span gut Platz findet, weil er sonst zusammengestaucht würde und die Zahnlücke verstopfen, den Kraftverbrauch vergrößern und unter Umständen den Zahn zerbrechen würde. Die Zahnlückentiefe ist etwa 0,4 der Zahnteilung. Die Reibung des Spanes an der Zahnfläche und in der Zahnlücke macht man dadurch so klein wie möglich, daß man diese Flächen recht glatt schleift. Beim Bearbeiten sehr weicher Stoffe, wie z. B. Kupfer, geht man sogar dazu über, diese Flächen noch zu polieren. Auf die seitliche Reibung des Spanes in der Schnittfuge wird in dem Abschnitt über Spanteilung noch eingegangen werden.

Verschiedene Sägenfirmen hatten zunächst versucht, durch schräges Einsetzen der Zähne in zur Schnittrichtung geneigter Lage dem Zahn einen Spanwinkel > 0 zu geben. Es zeigte sich aber, daß dies nicht der richtige Weg war. Man sieht aus Abb. 19, daß die Zähne nicht mehr so gut festsitzen können wie bei der geraden

Stellung. Es kommt aber noch hinzu, daß der Zahndruck den Zahn nach hinten zu biegen sucht. Wenn ein Zahn nun ein ganz klein wenig nachgibt, wird er durch dieses Aufbiegen aus dem Sägeblatt herausgedreht und der Blattradius an dieser Stelle vergrößert. Der wegzunehmende Span wird infolge des längeren Zahnes immer dicker und die aufbiegende Wirkung immer größer, bis der Zahn vollkommen festhakt und schließlich abbricht. Außerdem wird bei diesem Vorgang die Teilfuge zwischen Zahn und Stammblatt bzw. bei Hakenzähnen zwischen Zahn und Zahn vergrößert, und der abgehobene Span kann sich zwischen beide klemmen. Diese Wirkung vergrößert wieder weiter das Aufbiegen des Zahnes, bis das Blatt gänzlich zerstört wird. Weiter bildet noch die vorstehende Spitze a des Stammblattes oder des Hakenzahnes (Abb. 19) ein Hindernis für den sich entwickelnden Span, der an dieser Stelle steckenbleibt und sich zusammenstaucht. Aus diesen beiden Wirkungen ersieht man, daß die Spanfläche nicht mit der Teilfuge der Zähne zusammenfallen darf. Man ging daher dazu über, die Zähne wieder gerade einzusetzen und den Spanwinkel anzuschleifen. Das ist günstiger, weil die Aufbiegung des Zahnes durch die radiale Stellung nicht so stark in Erscheinung tritt und Spanfläche und Teilfuge nicht zusammenfallen, der Span also nicht in die

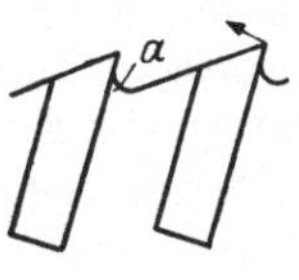

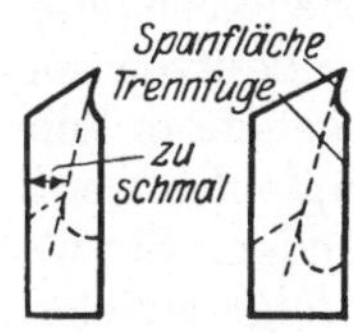

Abb. 19. Schräg eingesetzte Einzelzähne.

Abb. 20. Ausnutzbarkeit der schmalen und breiten Zähne.

Fuge eindringen und auch kein Hindernis für die Spanentwicklung an dieser Stelle auftreten kann. Um das Anschleifen des Spanwinkels zu ermöglichen, mußte der früher quadratische Zahn in der Schnittrichtung verbreitert werden, weil sonst seine Ausnutzungsmöglichkeit sehr gering wäre (Abb. 20). Damit die Stammblattzunge dadurch nicht schmäler wird und an Festigkeit verliert, muß die Teilung entsprechend größer gewählt werden, was für die Größe der Zahnlücke, abgesehen von den Fällen mit notwendig kleiner Zahnteilung, nur von Vorteil ist.

Ganz beseitigt ist allerdings auch durch das radiale Einsetzen der Zähne die Aufbiegungswirkung nicht, wenn auch die Folgen gemildert sind. Bei den Sägeblättern mit einzeln eingesetzten Zähnen kann es vorkommen, daß der eine oder andere Zahn diesem Aufspreizdruck etwas nachgibt, auch wenn die Zähne noch so stramm und fest eingebaut sind. Es ist natürlich zunächst nur eine kleine Federung, ein kleiner Bruchteil eines Millimeters, der sich aber durch den ständig wachsenden Druck sehr steigern kann, mit der Wirkung, daß der länger gewordene Zahn einen stärkeren Span wegnimmt und die nachfolgenden Zähne dafür leer durchlaufen, bis der Vorschubdruck wieder genügend nachgefolgt ist. Durch diese Umstände kann ein Rattern und unruhiges Laufen eintreten, was ganz unregelmäßige Beanspruchung der Blätter und Zähne zur Folge hat und weiter zum vorzeitigen Stumpfwerden und oft auch zum Bruch einzelner, besonders beanspruchter Zähne führt. Bei kleineren Schnittleistungen treten diese Erscheinungen nicht so zutage, aber bei Höchstleistungen auf neuzeitlichen Maschinen, bei denen neben großen Schnittgeschwindigkeiten auch große Vorschübe verlangt werden, sehr stark, und um so mehr, je größer der Spanwinkel ist, weil dann der Vorschubdruck Q des Schnittdruckes negativ werden kann. Bei den Segmentblättern liegen die Verhältnisse insofern günstiger, als ein Aufbiegen der einzelnen Zähne nicht möglich ist. Zahnbrüche sind daher seltener, und die Zähne sind meist auch schnitthaltiger, weil das Rattern und die unregelmäßige Beanspruchung wegfallen. Es empfiehlt sich daher, bei den Blättern mit einzeln eingesetzten Zähnen die Spanwinkel nicht zu groß zu wählen.

10. Der Einfluß des verwendeten Schnellstahls auf die Leistungsfähigkeit des Sägeblattes. Neben der richtigen Schneidenform hat die Güte des Schnellstahls bei jedem Werkzeug den größten Einfluß auf die Leistungsfähigkeit. Aber gerade bei den Kreissägeblättern spielt das Anschleifen des Span- und Freiwinkels, die Teilung der Zähne, die Hohlkehle in der Zahnlücke und die Abführung der Späne eine so überragende Rolle, daß die Wahl eines hochwertigen Schnellstahles nur dann in Frage kommt, wenn die Zähne dauernd im Verbraucherbetriebe richtig angeschliffen werden können. Dieser Punkt wird meist nicht genügend beachtet. Das Sägeblatt wird zwar in bester Ausführung von dem Lieferwerk angeliefert, aber schon beim ersten Nachschärfen wird die Schneidenform in vielen Betrieben verdorben, und die Schneidleistung geht nach jedem Nachschärfen immer mehr zurück. Daher soll das gute Schärfen eines Blattes in einem späteren Abschnitt noch eingehend behandelt werden. Nur *den* Verbraucherfirmen, die geeignete Schärfmaschinen besitzen und überhaupt in der Werkzeugmacherei so eingerichtet sind, daß die angelieferte Schneidenform unbedingt beim Nachschärfen beibehalten wird, kann empfohlen werden, Blätter mit Zähnen aus den *besten* Schnellstahlmarken zu verwenden. Sie werden mit den teureren Blättern die gewünschten wirtschaftlichen Erfolge erzielen können.

Der Schnellstahl mit 16—18% Wolframgehalt ist heute schon fast ganz durch anders legierte Marken verdrängt. Als leistungsfähige Stähle sind solche mit geringerem Wolframgehalt, dafür aber mit höherem Vanadiumgehalt oder mit Kobaltzusatz in Verwendung.

Beim Härten der Zähne[1] sind die von den Stahlwerken gegebenen Vorschriften genau einzuhalten und dabei zu beachten, daß die Sägenzähne wie Drehstähle gehärtet werden müssen und nicht wie in vielen Betrieben die Fräser, wenn auch die Kaltsägeblätter oft als große Fräser bezeichnet werden. Die Zerstörung der Schnellstahlschneiden ist auf zwei Umstände zurückzuführen: die Abnutzung durch Abreiben und das Weichwerden infolge Anlaßwirkung. Bei den Fräsern, bei denen die Schneidkanten kaum jemals bis auf 600°, die gefährliche Anlaßtemperatur des Schnellstahls, erhitzt werden, erweicht der Stahl meist nicht in erster Linie durch Anlaßwirkung, sondern das Stumpfen der Schneide kommt zum größten Teil durch bloßes Abreiben zustande. Bei dieser Art der Beanspruchung ist größte Härte von Wichtigkeit, ohne daß das größte Maß von Anlaßbeständigkeit durchaus notwendig wäre. Aus diesem Grunde ist es bei Fräsern auch angängig, sie bei der Temperatur abzuschrecken, die bereits größte Härte ohne höchste Anlaßbeständigkeit gibt und die meist schon 150° unter der höchsten Härtetemperatur erreicht wird (wobei gleichzeitig die Formen und Kanten der Fräser geschont werden). Anders ist es bei den Drehstählen. Bei ihnen wird infolge der gewaltsamen Beanspruchung die entstehende Reibungswärme so groß, daß eine starke Anlaßwirkung eintreten kann. Der Stahl hält dann dem Schnittdruck nicht mehr stand, und die Schneide wird in kürzester Zeit zerstört. Auch ist bei den Sägeblättern die Beanspruchung der Zähne infolge des längeren Verbleibens des einzelnen Zahnes im Schnitt so groß, daß eine starke Reibungswärme auftreten kann, durch die der Zahn erweichen könnte. Die Zähne müssen also so gehärtet werden, daß sie die höchste Anlaßbeständigkeit erhalten, was nur erreicht werden kann, wenn sie bei der höchsten Härtetemperatur (1250—1350°) abgeschreckt werden. Es hat sich sogar als zweckmäßig erwiesen, die Zähne nach dem Härten auf etwa 580—600° anzulassen, weil die Anlaßbeständigkeit dadurch noch erhöht wird. Dieses Anlassen hat aber nur Zweck, wenn der Stahl hochlegiert ist und auch bei der höchsten Härtetemperatur abgeschreckt

---

[1] S. Heft 7 u. 8 der Werkstattbücher: Härten und Vergüten des Stahles und Praxis der Warmbehandlung des Stahles.

wurde. Dies ist bei den Sägezähnen freilich schwieriger als bei einem Drehstahl. Bei einem Drehstahl wird immer nur die Spitze gehärtet, während ein Sägezahn so gehärtet werden muß, daß die größte Härte und Anlaßbeständigkeit tief hinein in den Zahn reicht, weil der Zahn möglichst weit abgenutzt werden soll und auch dann noch die gleiche Leistungsfähigkeit zeigen muß wie anfangs. Wenn ein Sägeblatt nach mehrfachem Nachschärfen in seiner Leistung nachläßt, wird dies meist darauf zurückzuführen sein, daß zwar die Zahnspitze bei der richtigen Temperatur gehärtet wurde, diese hohe Temperatur aber nicht genügend tief in den Zahn hinein reichte, vorausgesetzt allerdings, daß das Nachlassen der Leistung nicht durch schlechtes Nachschärfen verursacht wurde. Beim Nachschärfen kann die ursprüngliche Schneidenform verlorengegangen sein oder die Schneide wurde ausgeglüht, was bei einer zu harten Scheibe oder bei zu starkem Angreifen der Scheibe geschieht. Die Zähne sind beim Härten zunächst langsam zu erhitzen, weil sonst Spannungen im Stahl entstehen, die beim Arbeiten des Sägeblattes schnell zum Bruch des Zahnes führen. Wichtig ist es auch, daß alle Zähne am Umfang eines Sägeblattes gleichmäßig gut gehärtet sind, denn ein einzelner Zahn, der schneller stumpf wird, beeinflußt sehr stark die Leistung der anderen Sägeblattzähne.

Für Sonderzwecke kommen auch Zähne mit Schneidmetallauflage in Frage (z. B. Widia), doch werden solche Sägeblätter natürlich sehr teuer.

11. Das Freischneiden. Zum Zwecke des Freischneidens werden die Zähne der Kaltsägeblätter mit eingesetzten Schnellstahlzähnen, wie erwähnt, vom Umfang nach dem Mittelpunkte zu verjüngt geschliffen. Dadurch ist zwar die seitliche Reibung des Blattes in der Schnittfuge vermieden, aber nicht die Reibung seitlich an den Zahnspitzen, da an dieser Stelle die Verjüngung noch nicht groß genug ist, um die seitliche Reibung verhüten zu können. Gerade an dieser Stelle ist sie aber insofern besonders ungünstig, als sich hier durch das Reiben Werkstoffspäne festsetzen und festklemmen können, was in den meisten Fällen zum Zahnbruch führt. Aus diesem Grunde werden die Zähne so hinterfräst oder hinterschliffen, daß seitlich an der Zahnschneide nur eine schmale Fase stehenbleibt, wodurch die Möglichkeit, daß Spanteilchen anhaften, sehr vermindert wird. Bei den einzeln eingesetzten Zähnen, sowohl bei den einfachen als auch bei den Hakenzähnen, werden die Zähne

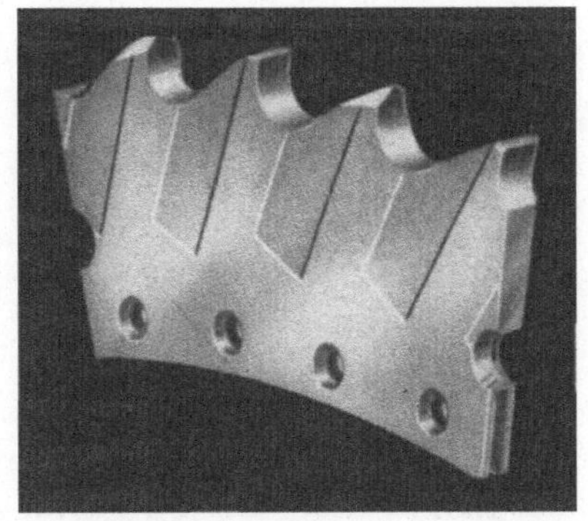

Abb. 21.   Hinterschliffene Zahnflanken.

im allgemeinen seitlich so abgefräst, wie es Abb. 7 u. 23 zeigen, oder es wird wie bei den Segmentblättern hinter der Zahnschneide eine Nut eingeschliffen (Abb. 21). Die Einfräsung bzw. die Nut muß so geführt werden, daß die stehenbleibende Schneidfase beim Nachschärfen des Blattes und Tieferschleifen der Zahnlücke nicht verletzt wird, also in Richtung des größten, vorkommenden Spanwinkels, etwa ½ mm hinter der Zahnspitze. Die Einfräsungen und Nuten werden bei der Herstellung des Sägeblattes angebracht und brauchen vom Sägenverbraucher nicht nachgearbeitet zu werden. Durch das Wegfallen der seitlichen Reibung an der Zahnspitze werden sauberere Schnitte erzielt, und außerdem wird durch die Einfräsungen oder die Nuten die Wirkung des Kühlwassers beim Sägen erhöht.

In bezug auf das Freischneiden zeigen die Einzelzahnsegmente der Abb. 11 noch eine weitere Verbesserung. Diese ist dadurch erreicht, daß die Nachschneidezähne an den seitlich angebrachten Schneidfasen sowohl in radialer als auch tangentialer

Richtung hinterschliffen sind, so daß ein vollständiges Freischneiden der Zahnschneiden erfolgt und ein Reiben der Zahnkanten an den Schnittflächen des Werk-

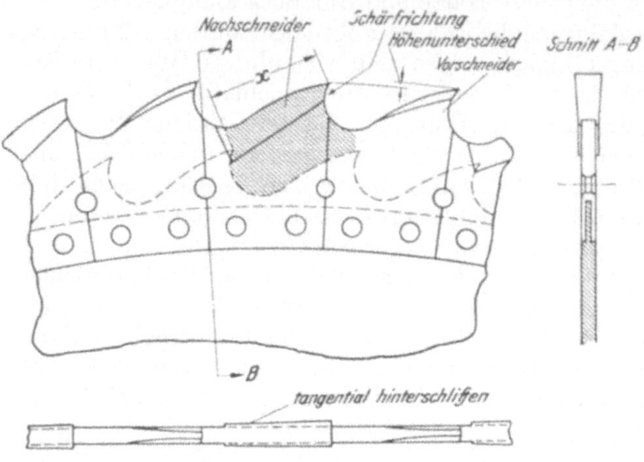

Abb. 22. Ausnutzung der Zähne mit tangentialem und radialem Hinterschliff.

stückes nicht mehr auftreten kann. Die Schneidhaltigkeit der Zähne wird dadurch weiter vergrößert. Da das Nachschärfen derartig ausgebildeter Zähne hauptsächlich an der Zahnbrust (Abb. 22) erfolgt und der Zahn von oben nur wenig abgeschliffen zu werden braucht, können diese Segmente sehr weit ausgenutzt werden und die seitliche Abschrägung der Vorschneiderzähne braucht erst nach mehrmaligem Schärfen erneuert zu werden.

12. Mittel zur Spanteilung. a) Spanbrechernuten. Bei Fräsern, insbesondere bei breiteren Fräsern, ist es üblich, Spanbrechernuten an den Zähnen anzubringen. Diese sollen die Breite des Spanes verkürzen, die sonst der ganzen Schnittbreite des

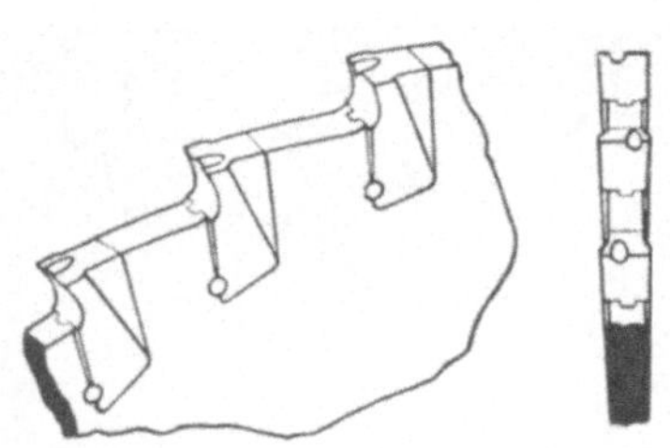

Abb. 23. Spanbrechernuten.

Fräsers entsprechen würde, und somit günstig auf den Kraftverbrauch einwirken. Eine ähnliche Spanteilung finden wir bei den Feilen, bei denen der Unterhieb als Spanbrecher wirkt, und bei den neueren gefrästen Feilen werden zur Verbesserung des Kraftaufwandes besondere Spanbrechernuten angebracht. Auch bei den Sägeblättern teilt man den Span. Die schmaleren Späne kleben bei Erwärmung nicht so leicht an den Zahnschneiden fest und fallen nach Heraustreten des Zahnes aus der Schnittfuge entweder von selbst heraus, oder sie können durch das Kühlwasser besser als breitere Späne herausgespült werden. Die Spanteilung hat hierbei aber noch einen besonderen Zweck: Läßt man die Zähne in ihrer ganzen Breite schneiden, so würden die Seiten des Spanes in der Schnittfuge an den Schnittflächen reiben und dadurch eine Vergrößerung des Kraftaufwandes herbeiführen. Es kommt dies daher, daß der Werkstoff beim Zerspanen gestaucht wird und daß das Gefüge des losgelösten Spanes nicht mehr so dicht ist wie im Arbeitsstück, der Span daher nach der Abtrennung in die Dicke und in die Breite wächst. Nach Anbringung der Spanbrechernute an dem Zahn (Abb. 23 u. 68) wird der Span beim Arbeiten des Zahnes in zwei

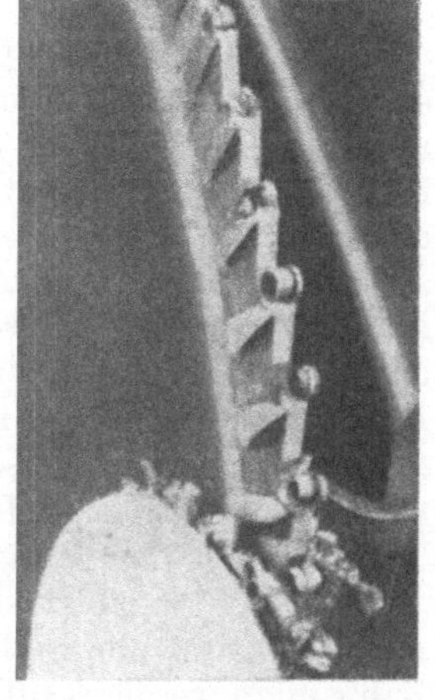

Abb. 24.
Wirkung der Spanbrechernuten.

Teile zerlegt, und die beiden Teile haben nun Platz, nach der Mitte der Schnittfuge auszuweichen, wodurch die seitliche Reibung in der Schnittfuge verringert bzw. ganz beseitigt wird. Die Nuten werden in den Zähnen versetzt eingearbeitet, damit die Unterbrechung der Schnittkanten nicht immer an derselben Stelle liegt und sich nicht ungünstig auf den Schnitt auswirkt. Die Wirkung der Spanbrechernuten kann man in Abb. 24 deutlich sehen. Durch diese versetzte Anordnung kommen die Nuten ziemlich nahe an den Rand der Zähne zu liegen, wodurch die kleinen stehenbleibenden Zahnecken zum Ausbrechen neigen (Abb. 25). Wenn die Zähne schon anfangen stumpf zu werden, ist diese Gefahr am größten, weniger groß, wenn die Blätter rechtzeitig nachgeschärft werden.

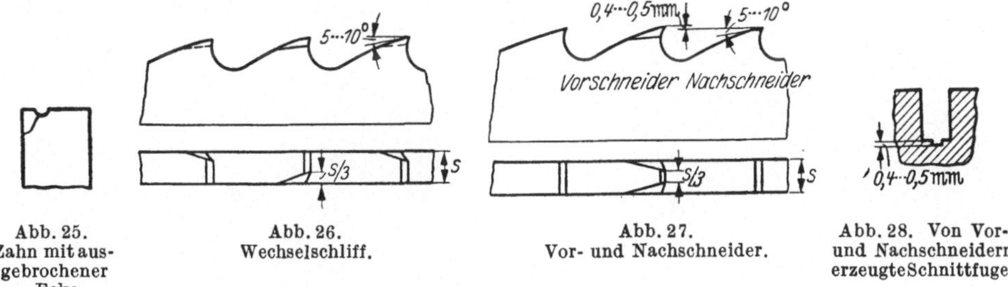

Abb. 25.
Zahn mit ausgebrochener Ecke.

Abb. 26.
Wechselschliff.

Abb. 27.
Vor- und Nachschneider.

Abb. 28. Von Vor- und Nachschneidern erzeugte Schnittfuge.

b) Wechselschliff und Vor- und Nachschneidezähne. Die Spanteilung in zwei schmalere Späne kann auch durch den sogenannten Wechselschliff erreicht werden. Bei diesem arbeiten die Zähne nicht in ihrer ganzen Breite, sondern von jedem Zahn wird eine Ecke bis etwa $\frac{1}{3}$ der Zahnbreite abgeschliffen, und zwar immer abwechselnd an einem Zahn die linke Ecke und an dem folgenden die rechte (Abb. 26). Die wirksame Zahnteilung entspricht dann nicht mehr der Zähnezahl, sondern nur noch der Hälfte.

Eine weitere Möglichkeit der Spanteilung bietet die Anbringung von Vor- und Nachschneidezähnen (Abb. 27). Am Vorschneider werden beide Ecken weggeschliffen und nur etwa $\frac{1}{3}$ der Schnittbreite bleibt stehen, so daß dieser Zahn eine schmale Furche in der Schnittfuge erzeugt (Abb. 28), während der folgende Zahn in seiner ganzen Breite stehen bleibt und die beiden seitlichen Späne wegarbeitet. Auf diese Weise wird eine Dreiteilung des Spanes erzielt, aber nur, wenn dafür gesorgt wird, daß der Vorschneider ein wenig länger als der Nachschneider ist und somit durch das Vorstehen die Möglichkeit hat, die Furche zu schneiden. Wird dies nicht richtig ausgeführt, so arbeitet solch ein Blatt schlechter als irgendein anderes, da nur der Nachschneider in seiner ganzen Breite und der Vorschneider fast gar nicht schneidet.

Durch Anbringung der Vor- und Nachschneidezähne wird der Kraftverbrauch sehr günstig beeinflußt und der Gang der Maschine sehr ruhig und gleichmäßig. Als Nachteil dieser Anordnung ist zu erwähnen, daß nur an den Nachschneidern die Zahnecken, die natürlich der Abstumpfung in erster Linie ausgesetzt sind, arbeiten und daher eher stumpf werden als bei Spanbrechernuten nach Abb. 23, bei denen die Ecken aller Zähne gleichmäßig arbeiten. Man muß daher bei Vor- und Nachschneidezähnen besonders darauf achten, die Blätter rechtzeitig zu schärfen, da der Abstumpfungsvorgang sehr rasch fortschreitet, wenn die Zähne erst einmal angefangen haben, sichtbar stumpf zu werden.

Beim Sägen von härteren Stählen ist es vorteilhaft, auch die Kanten der Nachschneidezähne leicht zu brechen, bei weicheren Materialien ist dies aber nicht zu empfehlen. Das Anschärfen der Vor- und Nachschneidezähne ist schwieriger als das des Wechselschliffes, da außer dem Brechen der Kanten, das bei beiden Arten das gleiche ist, auch noch die Nachschneidezähne nach dem fertigen Schärfen verkürzt werden müssen. Betriebe, die auf das Schärfen nicht besonders gut eingerichtet sind, bevorzugen daher den Wechselschliff, weil bei diesem kaum ein Fehler beim Nachschärfen gemacht werden kann. Alle diese Blätter müssen eine gerade Zähnezahl haben, da sonst weder die versetzten Spanbrechernuten noch Wechselschliff oder Vor- und Nachschneider geschliffen werden können.

Bei dem Einzelzahnsegment nach Abb. 29 u. 29a hat das Vorschneidezahnsegment nur die Stärke des Stammblattes und seine Schnittbreite wird durch Abschrägen der beiderseitigen Zahnecken auf etwa $\frac{1}{3}$ der Schnittbreite weiter ver-

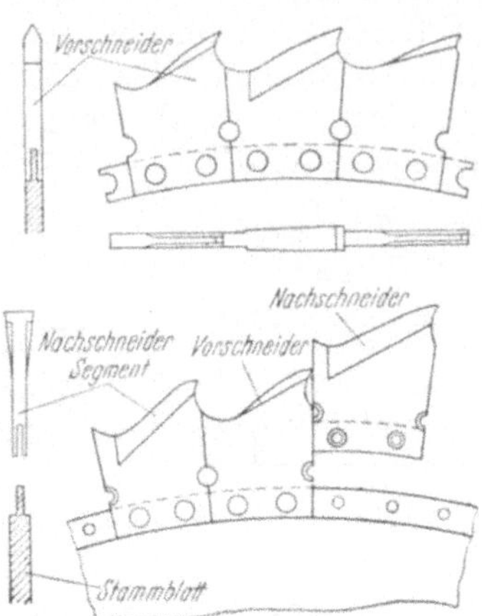

Abb. 29. Vor- und Nachschneider der Einzelzahnsegmente.

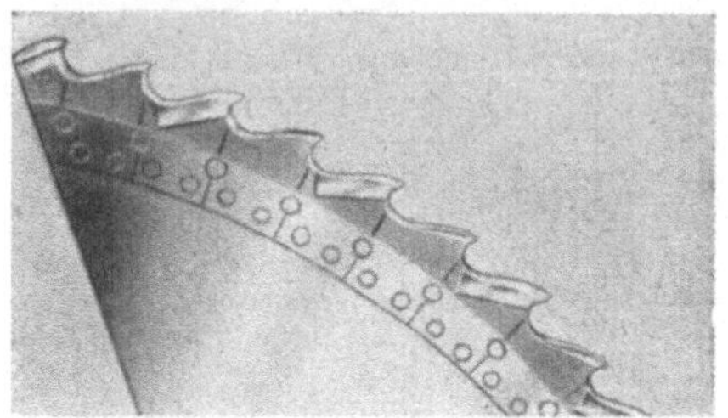

Abb. 29a.
Sägeblatt mit Einzelzahnsegmenten.

kleinert. Der Zahn ist noch immer stark genug, den Schnittkräften standzuhalten, da ja der Vorschneider nur eine schmale Furche einschneidet und auch weniger beansprucht wird. Der Schnellstahlverbrauch für die Vorschneidesegmente ist daher geringer als für die Nachschneidesegmente.

13. Zahnteilung und Schnittbreite. Für die gute Verwendungsmöglichkeit der Blätter spielt die *Zahnteilung* eine große Rolle. Für Vollquerschnitte wird eine große Zahnteilung gewählt, damit der von jedem Zahn abgenommene Span auch in der Zahnlücke genügend Platz findet. Kann er das nicht, so staucht er sich zusammen und verstopft die Zahnlücke. Bei Austritt des Sägezahnes aus der Schnittfuge fällt er dann nicht heraus, und beim nächsten Eingriff dieses Zahnes findet der folgende Span keinen Platz mehr, was zum Festsetzen des Blattes oder Zahnbruch führt.

Je größer der Querschnitt des zu schneidenden Werkstoffes ist, desto größer muß die Zahnteilung sein, weil der Zahn länger in der Schnittfuge bleibt und mehr Werkstoff abtrennt. Auf den neuzeitlichen Hochleistungssägemaschinen ist für nicht zu harten Vollwerkstoff immer eine große Zahnteilung anzuwenden, weil bei großen Schnittgeschwindigkeiten und großen Vorschüben auch große Spanmengen entstehen, die von den Zahnlücken aufgenommen werden müssen. Dagegen ist für dünnwandige Werkstücke, Profilwerkstoff, Rohre u. dgl. eine kleinere Zahnteilung am Platze, so daß mindestens immer zwei Zähne im Eingriff sind (Abb. 30). Früher verwendete man bei kleineren Leistungen kleinere Zahnteilungen und glaubte, bei der größeren Zähnezahl eine längere Schnitthaltigkeit zu erreichen. Die kleinere Zähnezahl hat aber bei der gleichen Schnittleistung auch eine Verringerung des Kraftverbrauches zur Folge. Bei großer Zähnezahl stehen beim Arbeiten mehr Zähne im Eingriff und zerspanen feiner. Dadurch ist der Schnittwiderstand und der Kraftverbrauch größer. Für ältere Kaltsägemaschinen ohne zwangsläufigen Vorschub, z. B. für die alten Hebelsägen, sind Blätter mit kleinerer Zahnteilung angebracht, bei größerer Zahnteilung würden die Blätter einhaken. In diesem Falle

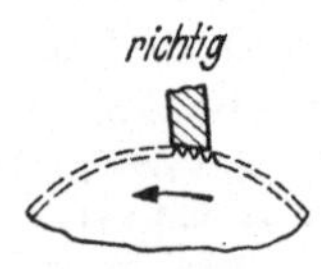

Abb. 30. Zahnteilung für dünnwandige Werkstücke.

ist es aber kaum wirtschaftlich, Blätter mit eingesetzten Schnellstahlzähnen zu verwenden, da sie nur wenig ausgenutzt werden können. Es genügen vollkommen die gestauchten, geschränkten oder verjüngt geschliffenen Vollkreissägeblätter, wenn man sich nicht entschließen kann, die alten Maschinen durch neue zu ersetzen. Auf älteren Schlittenkreissägen, auf denen man aus früher erwähnten Gründen noch gern geschränkte Blätter verwendet, ist es vorteilhaft, auch diese Blätter mit einer etwas größeren Teilung als sonst üblich und namentlich auch diese Zähne mit einem Spanwinkel zu versehen, die Leistungen können dadurch erheblich gesteigert werden.

Die *Schnittbreite* der Sägeblätter wird zur Erzielung eines möglichst kleinen Kraftverbrauches so gering wie ausführbar gehalten. Die geringste Schnittbreite ergibt auch den geringsten Stoffverlust. Für gewöhnlichen Stahl kann das schon ein beachtenswerter Vorteil sein, der sich aber noch erheblich vergrößert bei wertvolleren Stoffen, wie hochlegierten Stählen, Kupfer, Messing usw. Die Stammblätter der Sägen mit eingesetzten Schnellstahlzähnen sind entsprechend der Verjüngung der Zähne dünner als die Schnittbreite. Um ihre Starrheit nicht zu gefährden, ist man daher in der Schnittbreite an die geringste Stärke der Stammblätter gebunden. Für die Stammblätter wird ein Flußstahl von hoher Festigkeit verwendet. Neuerdings werden die Stammblätter auf eine Festigkeit von etwa 150 kg/mm² gehärtet (vergütet), um sie möglichst schwach halten zu können. Die Widerstandsfähigkeit eines solchen Stammblattes gegen Verbiegen ist entsprechend groß. Bei kleinen Verbiegungen, z. B. infolge Verlaufen des Sägeblattes, federn die Stammblätter wieder in ihre ursprüngliche Lage zurück, nur starke Verbiegungen, die beim Arbeiten mit sehr stumpfen Zähnen oder nicht genügend befestigten Arbeitsstücken eintreten können (Abb. 44), gleichen sich nicht wieder aus und müssen durch geschicktes Richten des Blattes wieder beseitigt werden. Aus der Tab. 7 sind Richtwerte für Kaltkreissägeblätter mit eingesetzten Schnellstahlzähnen zu entnehmen. Für Gehrungsschnitte und andere Arbeiten, bei denen die Sägeblätter besonders stark beansprucht werden, kommen auch Blätter mit vergrößerter Schnittbreite und Stammblattstärke zur Verwendung.

Tabelle 7. *Richtwerte für Sägeblätter mit eingesetzten Schnellstahlzähnen.*

Blatt ⌀ mm	Schnittbreite mm	Stammblatt Stärke mm	Zahnteilung mm		
			für Vollwerkstücke	für Profile	für sehr dünne Querschnitte
300	4,5	3,5	15	7,5	—
400	5	4,0	18	9	6
500	5,5	4,0	24	12	8
600	6	4,5	24	12	8
700	6,5	5,0	28	14	9,3
800	7	5,25	28	14	9,3
900	7,5	6,0	30	15	—
1000	8	6,5	30	15	—
1100	8,5	7	35	17,5	—
1200	9	7,5	35	17,5	—
1400	10,5	8	40	—	—
1500	11,5	8,5	40	—	—
2000	14	10	45	—	—

D. Das Arbeiten mit den Kaltkreissägeblättern.

Wenn Sägeblätter, die nach den in den vorhergehenden Abschnitten geschilderten Grundsätzen hergestellt sind, verwendet werden, lassen sich auf den neuzeitlichen Höchstleistungskaltsägemaschinen ansehnliche Schnittleistungen erzielen.

Dies setzt eine Bauart voraus, die die starre, schwingungsfreie Aufnahme der Schnitt- und Vorschubkräfte, die sichere und schnelle Aufspannung des Werkstückes und die zweckmäßige Automatik des Arbeitsablaufes gewährleistet.

14. Allgemeine Kaltkreissäge. Eine solche Maschine ist in Abb. 31 dargestellt. Die Maschine wird durch Einscheibe oder unmittelbar gekuppelten Motor angetrieben über einen Räderkasten, der die richtige Schnittgeschwindigkeit für den zu schneidenden Werkstoff einzustellen gestattet. Der Vorschub kann ebenfalls durch einen Räderkasten geregelt werden. Er paßt sich durch eine nachgiebige Kupplung dem jeweiligen

Abb. 31. Kaltkreissäge.

Schnittdruck selbsttätig an. Je tiefer das Sägeblatt bei Vollquerschnitten in das Werkstück eindringt, desto mehr Zähne kommen zum Eingriff, und desto

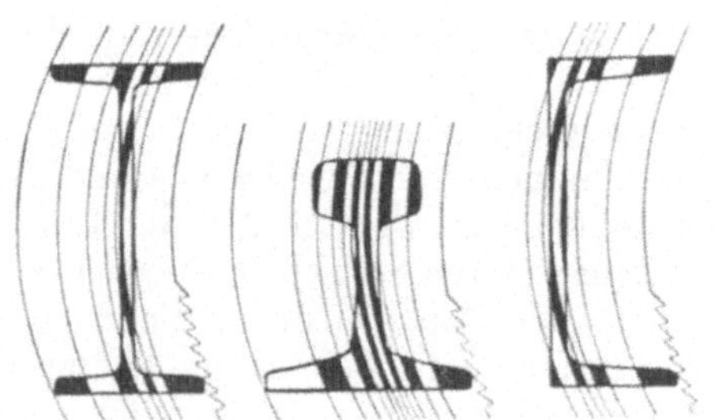

Abb. 32. Veranschaulichung der in gleichen Zwischenräumen geschnittenen Werkstoffquerschnitte.

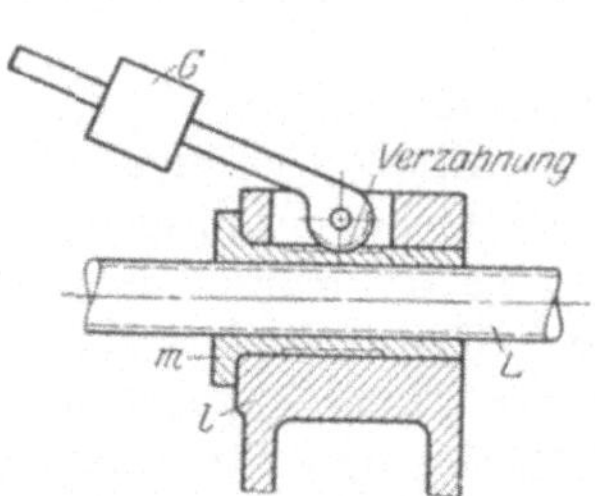

Abb. 33.
Nachgiebige Vorschubschaltung.

größer wird auch der Schnittdruck, bis er nach Überschreiten der Mitte des Werkstückes wieder geringer wird. Der Schnittdruck wird also in der Mitte des Arbeitsstückes am größten, und um das Sägeblatt nicht zu stark zu belasten, wird der Vorschub entsprechend dem Werkstoffquerschnitt geregelt. Ähnlich ist es bei Profilwerkstoff, für den die Wirkung des nachgiebigen Vorschubantriebes aus Abb. 32 zu ersehen ist. In gleichen Zeiteinheiten wird auch die gleiche Anzahl von cm² geschnitten. Müßte der automatische Vorschub nach den kleinsten Abständen der in

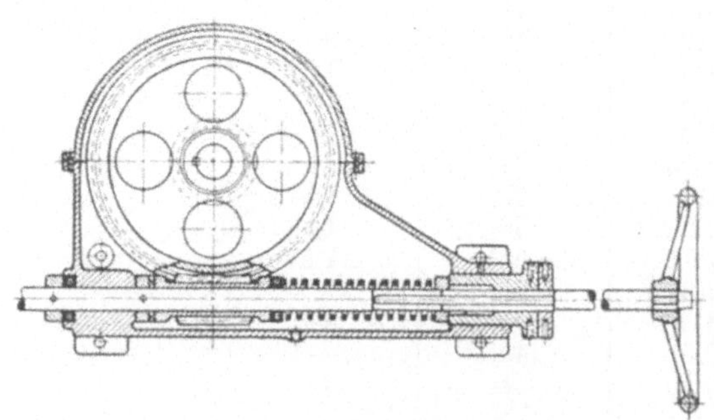

Abb. 34. Nachgiebige Vorschubschaltung.

gleichen Zeitabschnitten zurückgelegten Vorschubkreise, die etwa in der Mitte des Werkstückes liegen, gewählt werden, so müßten auch die Teile des Werkstückes, die den kleinsten Querschnitt aufweisen, mit diesem Vorschub geschnitten werden. Die Leistung der Maschine wäre dann entsprechend geringer. Durch die sich selbsttätig dem Schnittdruck anpassende Vorschubschaltung kann man aber, ohne die Maschine zu überlasten oder das Werkzeug zu gefährden oder zu schnell abzustumpfen, den größtmöglichen Vorschub nach dem kleinsten jeweiligen Schnittquerschnitt wählen.

Die nachgiebige Vorschubschaltung wird verschieden ausgeführt. In Abb. 33 wird sie durch die nachgebende Mutter m erreicht, die durch das Gewicht G so stark gegen das Lager l gedrückt wird, daß sie durch die entstehende Reibung gegen Drehen gesichert ist. Die Leitspindel L wird durch einen Räderkasten angetrieben und schiebt den Sägeschlitten in Richtung des Vorschubes vor. Sobald jedoch der Schnittdruck größer als die durch das Gewicht hervorgerufene Reibung wird, dreht sich die Mutter m mit der Leitspindel L und setzt dadurch den zwangläufigen Vorschub solange aus, bis der größere Widerstand wieder aufhört und das Gewicht G die Mutter wieder festhält. Das Gewicht G selbst ist verschiebbar und kann so für kleinere und größere Schnittdrücke eingestellt werden.

Eine andere nachgiebige Vorschubschaltung zeigt Abb. 34. Auf der Vorschubwelle sitzt lose eine Wanderschnecke mit einer Klauenkupplung, die durch eine kräftige Druckfeder in den mitnehmenden Klauenring gedrückt wird. Die Druckfeder hat den ganzen Arbeitsdruck des Sägeblattes aufzunehmen, und wenn dieser zu groß wird, gibt sie nach und rückt die Klauenkupplung solange aus, bis der Arbeitsdruck wieder kleiner als die Federspannung ist. Diese selbst kann durch eine Nachstellmutter den Verhältnissen angepaßt werden.

Häufigeres Aussetzen des Vorschubes während des Arbeitens deutet darauf hin, daß das Sägeblatt nicht mehr scharf genug ist. Denn durch Abstumpfen wird auch der Schnittdruck größer, und die nachgiebige Kupplung löst solange aus, bis der aufgetretene Widerstand überwunden ist. Das gleiche gilt, wenn harte Stellen im Werkstoff vorhanden sind, die den Schnittdruck vergrößern.

Durch Anschlagknaggen am Sägeschlitten kann jede gewünschte Schnittiefe eingestellt werden. Beim Anstoßen an diesen Anschlag schaltet der Vorschub auf

Abb. 35. Transportrolle.

schnellen Rücklauf um. Zum Abschneiden von gleichen Abschnitten von Stangen dient der selbsttätige Vorschub für das Schnittgut. Die Transportrolle R in Abb. 31, die vom Räderkasten ihren Antrieb erhält, wird dazu durch geringen Hebeldruck gegen das Werkstück gedrückt, das am Ende von einem auf einem Gleis laufenden Rollenbock getragen wird (Abb. 35). Das Schnittgut wird auf diese Weise so schnell umgespannt, daß fast während des Rücklaufes des Sägeschlittens schon wieder der neue Werkstückabschnitt festgespannt ist und der Vorschub bald nach dem selbsttätig stillgesetzten Rücklauf wieder eingeschaltet werden kann. Die toten Zeiten werden so auf ein Geringstmaß verkleinert.

Meist werden diese Maschinen mit Öldruckschaltung und mit hydraulischer Spannvorrichtung versehen (Abb. 36, 37). Das Manometer am Bett der Maschine zeigt den Vorschubdruck an, der durch den Hebel links davon hinter dem Handrad eingestellt werden kann. Die Vorschubgröße ist durch dieses Handrad stufenlos

einstellbar. Bei zu groß werdendem Arbeitsdruck wird zur Schonung des Sägeblattes jede Drucksteigerung durch Abfließen zuviel geförderter Druckflüssigkeit
selbsttätig vermieden. Das Werk-
stück kann von Hand oder hy-

Abb. 36. Kaltkreissäge mit
Öldruckschaltung und Öldruckspannung.

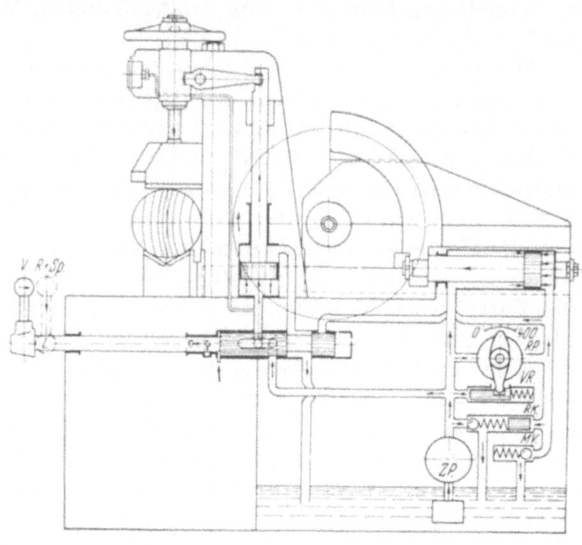

Abb. 37.
Hydraulische Vorschub- und Spanneinrichtung.

draulisch festgespannt werden. Bei hydraulischer Spannung zeigt das Manometer
am Spannstock den Spanndruck an, der immer 10 at betragen muß. Bei geringerem Druck ist das Werkstück noch nicht ordentlich festgespannt.

Abb. 38. Starrsägemaschine.

Abb. 38 zeigt eine andersartige Starrsägemaschine. Sie besteht aus einem
schweren Sockel, der mit zwei starken Säulen und dem Querhaupt einen starren

Rahmen bildet. In diesem wird der Sägeschlitten an den langen zylindrischen Führungen auf- und abbewegt. Alle Steuerungen zur Bedienung der Maschine werden durch Drucköl betätigt, ebenso die Spannung des Werkstücks im Schraubstock. Dieser befindet sich genau unter Sägeblattmitte, was den Vorteil des kürzesten Schnittweges und damit der kürzesten Schnittzeit bietet.

15. Sägeautomaten.

Eine weitere Vervollkommnung der Sägemaschine ist ihre Ausbildung als Automat. Lösen der Werkstückspannung nach vollendetem Schnitt, Vorschieben des Werkstückes bis an einen Anschlag durch Anheben und Drehen der Transportrolle, erneutes Festspannen, Vorschub des Sägeblattes und beschleunigte Rückbewegung nach dem Schnitt erfolgen selbsttätig durch Anwendung von Ölgetrieben, die durch Anschläge gesteuert werden. So

Abb. 39 Automatische Kaltkreissäge.

wird eine aufgelegte Materialstange ohne Inanspruchnahme eines Arbeiters in einzelne gleiche Teilstücke zerlegt. Nach dem letzten Schnitt schaltet die Maschine selbsttätig aus (Abb. 39).

Wesentlich anders ist die Konstruktion der selbsttätigen Kleinkreissäge nach Abb. 40, die für kleinere Werkstückdurchmesser bis etwa 35 mm geeignet ist. Die Materialstange wird auf dieser Maschine durch ihr Eigengewicht vorgeschoben. Hierzu kann das Oberteil der Maschine mit der daran befindlichen Materialstangenführung schräg gestellt werden, so daß die auf Rollen liegende Stange nach Zurückgehen des Sägeblattes, wodurch die Festspannung gelöst wird, von selbst bis an einen Anschlag nachrollt. Je nach dem Gewicht der Stange kann das Oberteil der Maschine mehr

Abb. 40. Automatische Kleinkreissäge.

oder weniger schräg eingestellt werden. Bei leichteren Metallen und Rohren muß die Schräglage größer sein als bei Stahlvollmaterial. Natürlich sind auf dieser Maschine nicht nur runde, sondern auch andere Profile, für die besondere Spannbacken verwendet werden, zu schneiden.

Es ist klar, daß das Stangenmaterial bei allen angeführten Maschinen zur Erzielung genauer Abschnitte vor Aufbringen auf die Maschine genau gerichtet sein muß.

16. Aufspannen des Sägeblattes und des Arbeitsstückes. Für ein gutes Arbeiten muß das Sägeblatt in erster Linie genau rundlaufen, damit alle Zähne gleichmäßig schneiden. Ein schlagendes Sägeblatt, und seien es auch nur einige Hundertstel Millimeter Schlag, läuft unruhig, was ein beschleunigtes Abstumpfen der Zähne zur Folge hat. Dies wird klar, wenn man die Dicke des auf jeden Zahn entfallenden Spanquerschnittes berechnet, die bei einem Vorschub von 6 mm/U und bei 100 Zähnen des Sägeblattes 0,06 mm beträgt. Ein Schlag von 0,03 mm bedeutet dann eine Steigerung des Spanquerschnittes um 50 % innerhalb jeder Umdrehung und dementsprechend auch eine gleich große Veränderung des Spandruckes und überstarke Beanspruchung einzelner Zähne. Aus diesem Grunde ist auch für die ruhige Arbeit

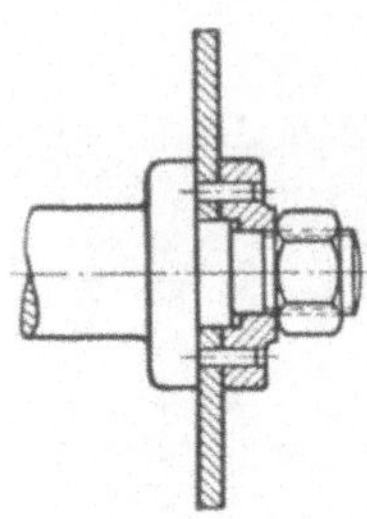

Abb. 41. Befestigung der Sägeblätter.

des Sägeblattes ein einzelner höher stehender Zahn besonders gefährlich. Damit ein gut geschärftes Sägeblatt rund läuft, muß es mit seiner genau angefertigten Bohrung satt auf dem gehärteten Sitzring der Sägenachse sitzen, und die Sägenachse selbst muß unbedingt rund laufen. Es darf daher niemals mit einer Feile eine schlecht passende Bohrung nachgearbeitet werden, da sie dadurch unrund wird und dann unrund läuft; ebenso falsch ist es, ein in der Bohrung ausgeweitetes Sägeblatt einzuspannen, da es auch immer unrund laufen wird. Sämtliche Lager der Maschine, Achsen, Wellen, Schlitten, Gleitschienen, sind so instand zu halten, daß sie ohne jegliches Spiel laufen. Das Sägeblatt wird durch eine Spannscheibe mit Mitnehmerstiften an den Sägenachsflansch gepreßt (Abb. 41).

Die Haupt- und Anschlußmaße von Kaltkreissägemaschinen, sowie die Sägeblattdurchmesser sind durch eine Vereinbarung der Herstellerfirmen für alle Maschinentypen und Ausführungsarten auf einheitliche Werte gebracht und im DIN-Einheitsblatt 55084 festgelegt worden. Es ist daher heute möglich, die Sägeblätter der verschiedenen Herstellerfirmen gegeneinander auszutauschen, soweit sie auf neuzeitlichen Hochleistungsmaschinen gebraucht werden. In Betrieben mit älteren Maschinen empfiehlt es sich, die Anschlußmaße den Normmaßen anzupassen (Tabelle 8).

Tabelle 8. *Anschlußmaße.*

Blatt ⌀ mm	Bohrungs-⌀ mm	⌀ der Mitnehmerlöcher	Mitnehmerlochkreis mm	Anzahl der Mitnehmer
250	32	9	50	4
315	40	11	63	4
400	50	14	80	4
500	50	18	100	4
630	80	22	120	4
800	80	27	160	4
1000	100	30	200	4
1250	100	30	250	4
1600	100	33	315	4

Zum Absägen von Gußtrichtern kann das Sägeblatt auch ohne überstehenden Flansch mit versenkten Kopfschrauben aufgespannt werden, um die Trichter dicht am Gußstück absägen zu können (Abb. 42). Bei Maschinen für Gießereien kann der Sägenkopf gedreht werden, so daß das Sägeblatt senkrecht bis waagerecht in jedem Winkel arbeiten und so jeden beliebig angebrachten Trichter absägen kann.

Diese Maschinen können auch für schräge oder Gehrungsschnitte verwendet werden, ohne den zu schneidenden Werkstoff schrägstellen zu müssen.

Sonst können die Maschinen für Schrägschnitte auch mit einem Schrägspannkopf ausgerüstet werden (Abb. 43). Die Waagerechtspannbacken und die Anheberolle für den Werkstücknachschub sind drehbar gelagert und werden den Gehrungswinkeln entsprechend gedreht. Um das Schwenken von langen und schweren Arbeitsstücken zu vermeiden, kann die Maschine auf einer Vollkreisdrehplatte drehbar angeordnet werden.

Abb. 42. Kaltkreissäge für Gußtrichter usw.

Das Werkstück ist in der Nähe des Schnittes unbedingt so festzuspannen, daß es während der Arbeit sich nicht lösen oder federn kann. Profilstücke müssen durch geeignete Auflagen, die sich dem Profil anschmiegen, so festgespannt werden, daß beim Anziehen der Spannschrauben Verspannungen vermieden werden. Wenn dies nicht geschieht, so lösen sich die Spannungen im Werkstoff während des Schnittes aus; das Sägeblatt klemmt sich oder setzt sich fest, oder die Zähne brechen aus.

Abb. 44. Das Arbeitsstück wird lose.

Abb. 43. Einrichtung für Schrägschnitte.

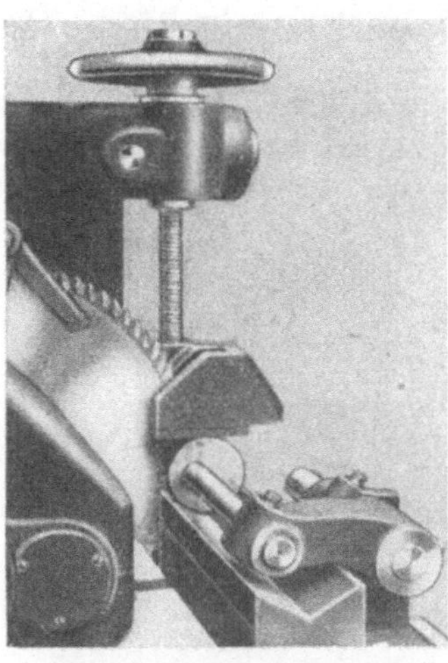

Abb. 45. Spannung für gratfreie Schnitte und Materialanschlag.

Löst sich das Werkstück während des Arbeitens infolge ungenügenden Festspannens, so ist eine Verbiegung des Sägeblattes unausbleiblich, und wenn dieser Vorgang nicht rechtzeitig bemerkt und die Maschine stillgesetzt wird, wird das Sägeblatt völlig zerstört (Abb. 44).

Zur Erzielung von gratfreien Schnitten muß das Werkstück beiderseitig vom Sägeblatt gespannt werden, damit das abgeschnittene Stück nicht dem Sägeblatt ausweicht. Es wird dies dadurch ermöglicht, daß die Vertikalspannbacke mit einem Schlitz für das Sägeblatt versehen ist (Abb. 45) oder dadurch, daß an den Spannbacken eine Spannplatte befestigt ist, die auf den abzuschneidenden Abschnitt übergreift.

17. Schnittgeschwindigkeit und Vorschub. Schnittgeschwindigkeit und Vorschub sind wie bei jeder Werkzeugmaschine dem Werkstoff anzupassen. Für die Schnittgeschwindigkeiten gelten etwa die Werte der Tab. 9. Die Größe des Vorschubes richtet sich außer nach der Festigkeit des Werkstoffes bzw. der Bearbeitungshärte auch nach dem Querschnitt und der Form des Werkstückes, nach der Bauart der Maschine und nach ihrem Zustande, so daß unmittelbar verwertbare Zahlen nicht gegeben werden können. Der Vorschub läßt sich im allgemeinen auf 3—11 mm/U einstellen und ist durch Versuche zu ermitteln. Bei dem ersten Schnitt beginnt man mit kleinerem Vorschub und steigert ihn so weit, bis die Maschine und das Sägeblatt voll ausgenutzt werden. Zu große Vorschübe gehen auf Kosten des Blattes, das um so schneller stumpf wird. Für eine gleichmäßige Dauerleistung ist ein mittlerer Vorschub vorteilhaft. Bei einem Werkstück von 60 kg/mm² Festigkeit und 100 mm ⌀ wäre etwa ein Vorschub von 6 mm für jede Umdrehung des Sägeblattes bei 26 m/min Schnittgeschwindigkeit für eine gute Dauerleistung anwendbar; es kann aber auch mit einem Vorschub bis zu 10 mm je nach der Güte des Sägeblattes und des Werkstoffes noch gut geschnitten werden[1].

Bei Beginn des Schnittes muß besonders gut aufgepaßt werden — bei unbekanntem Werkstoff ist der Anschnitt vorsichtig von Hand auszuführen —, und erst wenn das Blatt gut schneidet, soll der selbsttätige Vorschub eingerückt werden. Bei weiteren Abschnitten von dem gleichen Werkstoff kann der Vorschub dicht vor dem Arbeitsstück eingeschaltet werden, wenn man sich bei dem vorhergehenden Schnitt überzeugt hat, daß er richtig gewählt war.

18. Kühlung beim Sägen. Die Kühlung des Sägeblattes mit einer etwas fetten, Rostbildung verhindernden Flüssigkeit ist von ganz besonderer Bedeutung. Ein kräftiger Kühlstrom muß auf das Blatt unmittelbar bei seinem Austritt aus dem Schnitt geleitet werden. Er muß so stark sein, daß möglichst auch die Späne durch den Druck des Kühlwassers beseitigt werden.

19. Beseitigung der Späne aus den Zahnlücken. Bei weicheren, schmierenden Werkstoffen kommt es trotz richtig gewählter Zahnform und starken Kühlwasserstromes vor, daß

Abb. 46. Räumrädchen.

Abb. 47. Spanklopfer.

---

[1] Bestimmung der Vorschubgröße siehe S. 42.

einzelne Späne an den Zähnen hängen bleiben. Zum Ausputzen der Zahnlücken während des Schnittes kann ein von den Sägeblattzähnen getriebenes Räumrädchen verwendet werden (Abb. 46), dessen Zähne während der Drehung eine Querbewegung zum Sägeblatt machen und dadurch die Zahnlücken von allen Spänen befreien. Bei guter Schneidenform sitzen aber die Späne, wenn sie nicht von selbst herausfallen, meist nur lose an den Zahnspitzen fest und können durch einen leichten Anstoß entfernt werden. Dafür ist ein Spanklopfer zweckmäßig, der in

Tabelle 9. *Schnittgeschwindigkeiten.*

Werkstoff u. Festigkeit	m/min
Stahl von 40—50 kg/mm²	28—26
,, ,, 50 – 60 ,,	26—22
,, ,, 60—70 ,,	22—18
,, ,, 70—80 ,,	18—16
Härtere Stähle und	16—14
legierte Stähle	u. weniger

Form eines weichen Gußrades an dem Maschinenständer angebracht wird, so daß die Rolle an dem Sägeblatt läuft und durch eine Feder leicht auf seinen Umfang gedrückt wird (Abb. 47). Beim Laufen des Sägeblattes schlägt die Gußeisenrolle nacheinander auf jeden einzelnen Span und stößt den etwa hängengebliebenen Span an, so daß er abfällt. Diese Vorrichtungen verhindern Verstopfen der Zahnlücken und Zahnbruch und tragen wesentlich zur Erhöhung der Schnitthaltigkeit und zur Erzielung sauberer Schnittflächen bei, da hängengebliebene Späne leicht an ihnen reiben und Riefen auf ihnen hervorrufen.

20. Fehler beim Sägen. Der hauptsächlichste Fehler, der an einem Blatt auftreten kann, ist außer dem Ausbrechen einzelner Zähne das Krummwerden beim Arbeiten. Das kann auf eine ganze Reihe von Gründen zurückgeführt werden: z. B. wiederholtes Schiefschneiden, was vorkommt, wenn der Werkstoff ungleichmäßig ist, so daß die Zähne auf einer Seite des Blattes schneller stumpfen als auf der anderen. Das Blatt kann aber auch zu dünn sein und dadurch zu geringe innere Festigkeit besitzen oder schlecht gerichtet sein. Weiter kann die Ursache für das Schiefschneiden darin liegen, daß der Wechselschliff oder die Vor- und Nachschneidezähne nicht gleichmäßig angebracht sind und die Abschrägung auf der einen Seite größer ist als auf der anderen. Daß das Blatt krumm wird, wenn das Arbeitsstück nicht fest genug gespannt ist und sich beim Arbeiten löst, wurde schon an anderer Stelle erwähnt. Ein weiterer Grund für das Krummwerden kann darin liegen, daß das Werkstück schon angeschnitten war und das Sägeblatt in den vorhandenen Schnitt eingeführt werden muß. Wenn die Richtung des Sägeblattes nicht ganz genau mit dem schon gesägten Schlitz übereinstimmt, biegt es sich ab und wird allmählich krumm (Abb. 48). Dasselbe geschieht, wenn der Schnitt einseitig erfolgt. Dabei wird ein einseitiger Druck auf das Blatt ausgeübt, der es krumm drückt (Abb. 49).

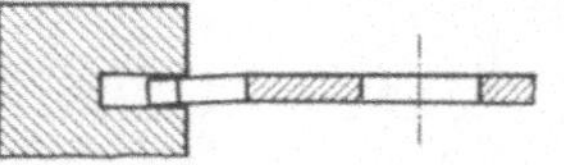
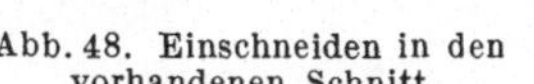
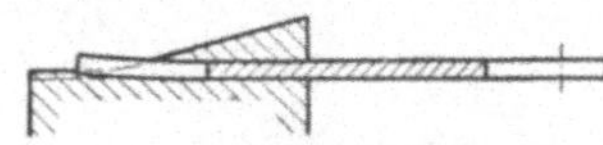

Abb. 48. Einschneiden in den vorhandenen Schnitt.

Abb. 49. Einseitiger Schnitt.

Das Schneiden mit stumpfen Zähnen ist für das Geradebleiben der Blätter besonders gefährlich. Durch die stumpfen Zähne wird der Vorschubdruck immer größer, und die Zähne können nicht mehr soviel Werkstoff wegnehmen, wie der Vorschubgröße entspricht. Ein Krummwerden ist die unausbleibliche Folge. Es wird zwar durch das nachgiebige Vorschubgetriebe zunächst der Vorschub des Blattes etwas nachlassen, wenn aber der durch die stumpfen Zähne zu groß gewordene Widerstand infolge des Lösens der Vorschubkraft aufgehört hat, setzt der Vorschubdruck wieder ein, und die stumpfen Zähne müssen wieder Arbeit leisten, bis der Vorschub von neuem wieder aussetzt. Dies wiederholt sich einige Male, das Blatt biegt sich allmählich immer mehr durch und reibt nun so gewaltig, daß auf der durchgebogenen Seite starke Reibfurchen entstehen können. So beschädigte Blätter sind oft selbst durch Nachrichten nicht wieder instand zu setzen.

21. Sondermaschinen und Sonderausführungen. Für eine Reihe von Sonderzwecken werden auch Sondermaschinen hergestellt. Hier seien nur einige aufgeführt.

Abb. 50. Langschnittkaltkreissäge.

Zum Absägen von langen Platten und Blöcken u. dgl. dient die Langschnittkaltkreissäge (Abb. 50). Die Platte wird oben auf dem Aufspanntisch befestigt, und das Sägeblattmittel läuft unter der Platte. Die Schnellsäge Abb. 51 ist für die Sonderbedürfnisse der Messingwerke gebaut. Sie ist für sehr hohe Schnittgeschwindigkeiten bis zu 1000 m/min geeignet. Dabei unterliegen jedoch die Sägeblätter einem sehr starken Reibungsverschleiß. Man schneidet Kupfer am

Abb. 51. Schnellkreissäge.

günstigsten mit Schnittgeschwindigkeiten zwischen 80 und 160 m/min. Für Messing liegen die günstigsten Schnittgeschwindigkeiten bei 160 bis 250 m/min und für Bronze je nach Legierung um 60 bis 100 m/min. Der Schlitten, auf dem das Werkstück aufgespannt ist, kann mit dem großen Speichenrad leicht vorbewegt und wieder zurückgeführt werden. Diese Bewegung ist der Vorschub. Da er von Hand erfolgt, kann er den beim Sägen stets auftretenden Unregelmäßigkeiten gut angepaßt werden. Wegen der Schnellig-

Abb. 52. Schnellkreissäge für große Metallplatten.

Abb. 53. Schnellkreissäge unter Flur.

keit des Schnittes wäre auch der selbsttätige Vorschub nicht recht lohnend. Man muß aber immer einen Mann an der Maschine stehen haben, der den Vorschub auch mit dem richtigen Gefühl für Unregelmäßigkeiten bedient, sonst wäre ein eingebauter mechanischer Vorschubantrieb vielleicht doch zweckmäßig.

Zum Beschneiden oder Einteilen sehr großer Metallplatten für Feuerbuchsen und Kondensatoren, z. B. bei Abmessungen von 6000×2000 mm bei 20—100 mm Stärke, ist die Maschine nach Abb. 52 geeignet, die selbsttätigen einstellbaren Vorschubantrieb und beschleunigten Rücklauf besitzt. Zum Abschneiden mehrerer langer Bolzen oder Rohre, die sich schwer auf einen Tisch spannen lassen, kann die

Maschine auch nach Abb. 53 unter Flur gebaut werden. Für die Betriebe der Messingwerke haben diese Schnellsägen gegenüber den sonst verwendeten Scheren bei gleicher Leistungsfähigkeit den Vorteil, daß die Schnittfläche sauber und nicht verformt ist, und daß Anschaffungskosten und Kraftbedarf wesentlich geringer sind.

Für manche Zwecke sind die Sägemaschinen so groß, daß sie in den Großmaschinenbau eingereiht werden müssen. In großen Stahlgießereien dienen zum Absägen der Eingußtrichter und verlorenen Köpfe von ganz großen Stücken die nach dem Bohr-Fräsmaschinen-Ständertyp gebauten Kaltsägen, die mit Blättern bis 1500 mm Durchmesser ausgerüstet werden können (Abb. 54). Der Sägenkopf ist um eine waagerechte Achse drehbar, so daß auch schräge Schnitte gesägt werden können. Er kann am Sägenschlitten waagerecht, quer und senkrecht und mit dem Ständer längs des Bettes ver-

Abb. 54. Große Kaltkreissäge mit 2 Aufspanntischen.

stellt werden, und man kann so an alle Stellen des Werkstückes herangehen. Das Werkstück wird auf einer Platte oder auf einem Drehtisch aufgespannt. Es kann auch in der Zeit, in der ein Stück abgesägt wird, ein zweites neben diesem auf einer zweiten Aufspannplatte aufgespannt und der Sägenständer nach der Beendigung des ersten Schnittes an das zweite Stück verschoben werden. Die Maschine wird auf diese Weise ununterbrochen ausgenutzt. Auch nach der Art der Radialbohrmaschinen können die Sägen ausgebildet werden und sind so für viele Zwecke gut verwendbar.

Zum gleichzeitigen Absägen bzw. Aufschneiden beider Bandagen an Lokomotiv- und Wagenradsätzen dient eine doppelte Kaltkreissäge (Abb. 55), die unterhalb des Eisenbahngeleises auf einem in der Höhe verstellbaren Winkeltisch steht. Die beiden in einem gemeinsamen Führungsbock untergebrachten Werkzeugschlitten sind waagerecht zu- und voneinander, mechanisch und von Hand, verstellbar. Wenn die Maschine außer Betrieb ist, wird der Tisch mit der

Abb. 55. Doppelte Kaltkreissäge.

Maschine soweit heruntergekurbelt, daß der Maschinenraum abgedeckt werden kann.

Beim Einschneiden von Kurbelwellen und allen ähnlichen Stücken, bei denen nur ein Schlitz eingesägt wird, werden während des Schneidens Werkstoffspannungen ausgelöst, die das Sägeblatt oft festklemmen, wenn die beiden den Schlitz begrenzenden Stücke zusammenfedern. Nach beendetem Schnitt läßt sich das

Sägeblatt nicht mehr aus dem Schnitt herausziehen oder, wenn es doch gelingt, bleiben die Zähne in dem Schnitt womöglich stecken und werden aus dem Sägeblatt herausgerissen. Mit sehr großen Mühen läßt sich manchmal der Schnitt auseinanderkeilen, so daß das Blatt herausgezogen werden kann. Um das Sägeblatt leicht herausziehen zu können, wird eine Sonderausführung benutzt: ein Teil des Zahnkranzes des Sägeblattes wird bis auf die Stammblattstärke abgeschliffen. Die Zähne haben an dieser Stelle des Umfanges, deren Sehne etwas größer sein muß als das Schnittgut breit ist, keine Verjüngung, und wenn das Zusammenfedern nicht größer ist als die Verjüngung des Blattes beträgt, so kann der Sägeblattschlitten ohne Umstände zurückgekurbelt werden, nachdem das Sägeblatt so gedreht ist, daß der dünner geschliffene Teil in dem Schnitt liegt (Abb. 56). Das etwas schlechtere Arbeiten des Sägeblattes, hervorgerufen durch das Dünnerschleifen und durch die fehlende Verjüngung an dieser Stelle, nimmt man des angegebenen Vorteils wegen in Kauf.

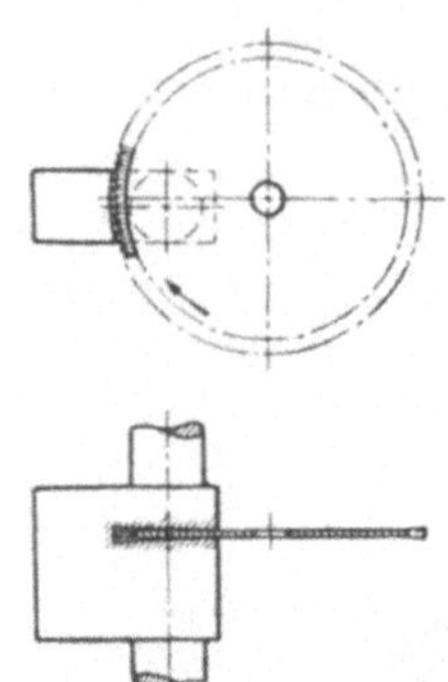

Abb. 56.
Kaltkreissägeblatt zum Aufschneiden von Kurbelhüben.

Eine solche Maschine, die speziell zum Ausschneiden von größten Kurbelwellenhüben bestimmt ist, zeigt die Abb. 57. Sie ist ausgerüstet mit Sägeblättern von 2000 bis 2500 mm Durchmesser für Einschnittiefen von 700 mm bei einer Kurbelwangenhöhe von ebenfalls 700 mm. Diese Maschine ist besonders bemerkenswert durch ihre Ab-

Abb. 57. Kaltkreissägemaschine für Sägeblatt-Durchmesser bis 2500 mm beim Ausschneiden von Kurbelwellenhüben.

messungen, wie sie sonst in dieser Größe für Kaltkreissägemaschinen nicht in Anwendung sind.

Zum Abschneiden kleiner Querschnitte, wofür die Metallkreissägeblätter verwendet werden, dienen die Kleinkreissägemaschinen (Abb. 58), die ebenfalls den Anforderungen der Höchstleistung entsprechend gebaut werden. Große Schnittgeschwindigkeiten und Vorschübe zeichnen auch diese Maschinen aus, ihre Verwendungsmöglichkeit ist sehr vielseitig und die Bedienung so einfach wie möglich. In Abb. 59 ist eine weitere Kleinkreissäge dargestellt, die auf der Werkbank neben dem Schraubstock aufgestellt werden kann und dem Schlosser erspart, kleine Querschnitte mit der Hand- oder Bügelsäge zertrennen zu müssen. Durch Anschläge lassen sich gleiche Abschnitte erzielen und infolge der Ausführung gerade und auch schräge Schnittflächen, bei Baustoffen bis 30 mm $\varnothing$ in einem Schnitt; größere Durchmesser bis 60 mm können durch Umspannung des Werkstoffes auch

Abb. 58. Kleinkreissäge.

Abb. 59. Kleinkreissäge für die Werkbank.

noch geschnitten werden. Mit der Maschine kann ein Sägenschärfapparat verbunden werden, der von der Hauptscheibe aus angetrieben wird und auch während der Schneidzeit benutzt werden kann.

E. Das Schärfen der Sägeblätter[1].

22. Notwendigkeit rechtzeitigen Schärfens. Rechtzeitiges und richtiges Nachschärfen der stumpf gewordenen Sägeblätter ist die Seele des ganzen Sägereibetriebes. Es ist für die Schnittleistung, die Lebensdauer des Sägeblattes und die Sauberkeit des Schnittes von allergrößter Bedeutung.

Ein Sägeblatt muß ebensogut und mit der gleichen Sorgfalt behandelt und geschärft werden, wie es bei Fräsern üblich ist. Zum Nachteil der Sägerei werden aber meist die Sägemaschinen von Hilfsarbeitern bedient, die nichts von der Maschine und dem Werkzeug verstehen und die oft die Blätter tage- und wochenlang weiterarbeiten lassen, wenn sie schon längst stumpf sind, und sie erst dann abspannen, wenn sie überhaupt nicht mehr schneiden. Der Schlosser, der seinen Meißel nicht rechtzeitig schärft, spürt es am eigenen Leibe, daß er bei stumpfem Meißel bedeutend mehr Kraft aufwenden muß und trotzdem seine Arbeit nicht ordentlich vollenden kann. Er wird daher seinen Meißel schleunigst schärfen, wenn er anfängt stumpf zu werden. Der ungelernte Arbeiter an der Sägemaschine merkt es aber nicht, wenn die Maschine bedeutend mehr Kraft braucht und vorzeitig verschleißt und dabei auch noch das Sägeblatt zerstört wird.

---

[1] Vgl. auch Werkstattbuch Heft 94: Werkzeugschleifen.

Beim beginnenden Stumpfwerden, das sich durch Blankwerden der Zahnecken anzeigt, ist unbedingt das Werkzeug auszuwechseln. Ein nur kurze Zeit zu lange verwendetes Sägeblatt braucht eine viel längere Schärfzeit als ein zulässig abgenutztes, womit ein erheblich größerer Stahlverlust verbunden ist (Abb. 60). Diese Abbildung zeigt, wie wenig ein zulässig abgestumpfter Zahn abgeschärft zu werden braucht und um wieviel mehr der stark abgenutzte. Bei einem rechtzeitig geschärften Blatt sollte der Durchmesser nach dem Schärfen nur um etwa $\frac{3}{4}$ mm kleiner geworden sein. Man kann sich leicht vorstellen, daß das Blatt, das immer zu stark abgenutzt wird, eine viel kürzere Lebensdauer hat als ein rechtzeitig geschärftes. Hinzu kommt noch, daß der Antrieb der Maschine und die Führung durch die dauernde Überlastung schneller abgenutzt werden und daß der Schleifscheibenverbrauch für das Nachschärfen erheblich größer wird. Außerdem werden die Reparaturkosten infolge der häufig hervorgerufenen Zahnbrüche und des Krummwerdens des Sägeblattes viel höher als notwendig.

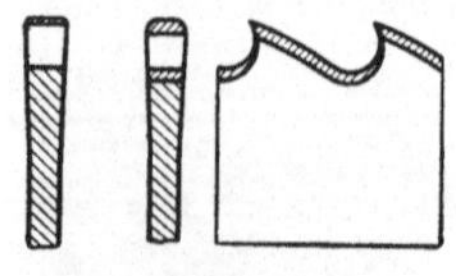

Abb. 60. Wenig und stark abgestumpfter Zahn.

Zweckmäßig ist es, nach einer bestimmten, ausprobierten Betriebsdauer, etwa nach einer Schicht, die Blätter zum Schärfen auszuwechseln, auch wenn noch ein paar Stunden damit gearbeitet werden könnte. Wenn ein Blatt aus irgendeinem Grunde schon vorher stumpf ist, muß es natürlich auch schon früher ausgebaut werden. Man erreicht durch diese Maßnahme aber jedenfalls, daß die Blätter nicht aus Bequemlichkeit des bedienenden Arbeiters allzu lange auf der Maschine bleiben und all die Nachteile herbeiführen, die durch zu stumpfe Blätter verursacht werden.

Es ist daher immer dafür zu sorgen, daß ein genügender Vorrat an Sägeblättern vorhanden ist, damit ein ununterbrochenes Sägen möglich ist. Als Mindestbestand für eine Maschine müßte gelten: ein Sägeblatt auf der Maschine, ein gut geschärftes Sägeblatt in Vorrat, ein Blatt beim Nachschärfen; ferner wird ein Blatt wohl immer beim Neuzahnen oder in Reparatur sein.

23. Stellung der Schleifscheibe auf der Schärfmaschine. Da heute alle Sägeblätter mit eingesetzten Schnellstahlzähnen mit Spanwinkel und Hohlkehle im Zahngrund geliefert werden, und zu einem wirtschaftlichen Sägen diese Zahnform auch beim Nachschärfen beibehalten werden muß, können die Schärfmaschinen älterer Bauart nicht ohne weiteres zum Nachschärfen verwendet werden, weil sie für das Schärfen des Spanwinkels noch nicht eingerichtet waren. Das wirtschaftlichere Sägen mit Spanwinkel hätte sich vielleicht schon viel früher durchgesetzt, wenn es geeignete Schärfmaschinen zum Nachschärfen solcher Sägeblätter gegeben hätte. Erst nachdem diese auf den Markt gekommen waren, wurde die allgemeine Verwendung von Blättern mit Spanwinkel möglich.

Bei den älteren Schärfmaschinen stand die Mitte des Sägeblattes unter der senkrechten Schärfscheibe (Abb. 61), dementsprechend wurde auch die Zahnbrust radial, ohne Spanwinkel, geschärft.

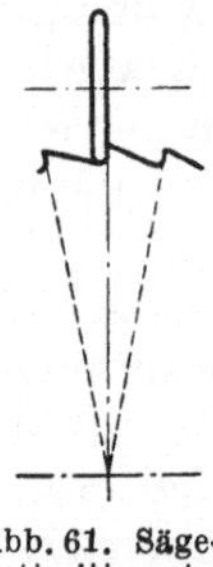

Jetzt sind alle Schärfmaschinen mit Einrichtungen zur Anbringung jedes beliebigen Spanwinkels versehen. Dazu gibt es verschiedene Möglichkeiten. Entweder es wird der Schlitten mit der Schärfscheibe entsprechend dem gewollten Spanwinkel geschwenkt, wobei nur das Sägeblatt in

Abb. 61. Sägeblattmitte unter der Schärfscheibe.

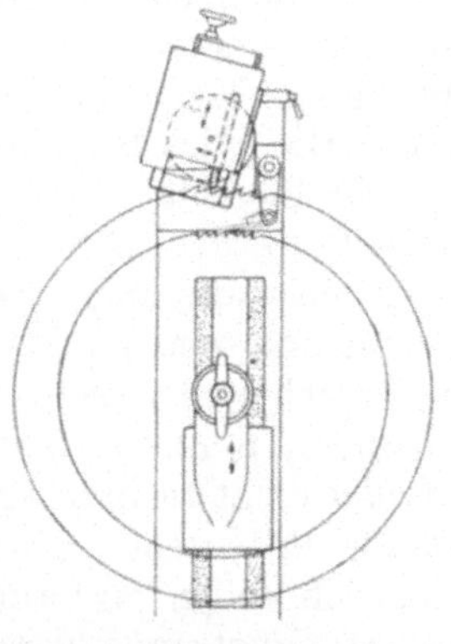

Abb. 62. Schwenkbarer Schleifschlitten und Teilschablone.

senkrechter Richtung nach der Größe des Durchmessers eingestellt wird (Abb. 62). Oder das Sägeblatt wird mit dem Schlitten, auf dem es befestigt ist, seitlich so weit verschoben, daß die Spanfläche des zu schärfenden Zahnes in Richtung der Schleiffläche der Schärfscheibe zu liegen kommt und die Blattmitte dann seitlich von der Schärfscheibe steht (Abb. 63, 64).

Nach Abb. 64 ist die Verschiebung a gleich dem Radius des Sägeblattes R mal dem Sinus des Spanwinkels γ, also $a = R \cdot \sin\gamma$. Um die Entfernung a muß das Sägeblatt beim Schärfen durch den Schlitten verschoben werden. Die graphische Tabelle (Abb. 65) gibt für die verschiedenen Sägendurchmesser und die Spanwinkel auf der waagerechten Achse die Größe der Verschiebung a des Schlittens an. Zur Ermittelung dieser Verschiebung z. B. für ein Sägeblatt von 800 mm $\varnothing$ mit einem Spanwinkel von 15° sucht man den Schnittpunkt der Waagerechten durch 15° mit dem Strahl 800 $\varnothing$ und findet senkrecht unter dem Schnittpunkt die Größe $a = 104$ mm. Der Schlitten ist mit einer

Abb. 63. Schärfmaschine mit seitlich einstellbarem Support.

Millimetereinteilung versehen, so daß a leicht eingestellt werden kann. Es ist aber zweckmäßig, um wirklich den verlangten Spanwinkel zu erzielen, die Verschiebung

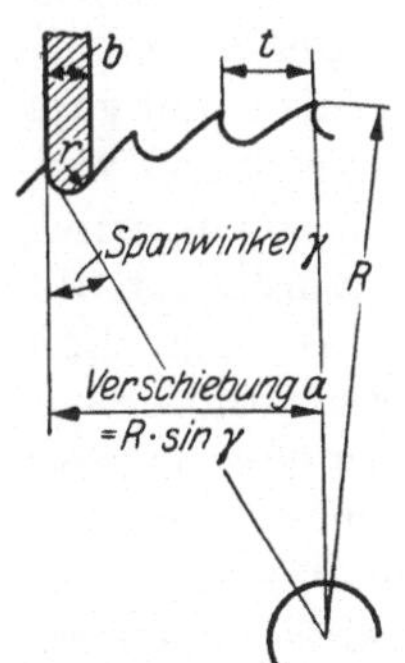

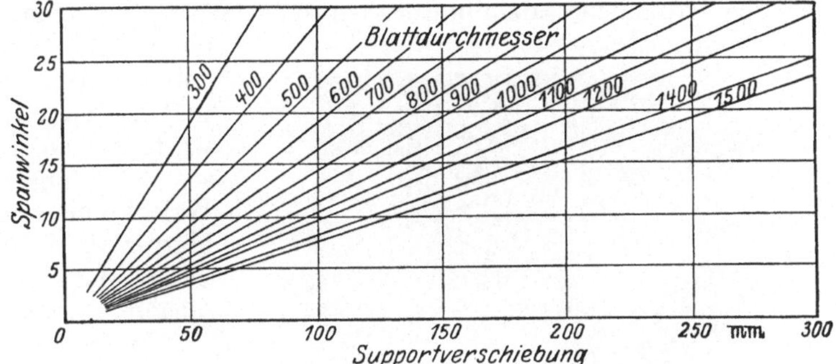

<table>
<tr><td>Abb. 64. Seitliche Verschiebung des Sägeblattes auf der Schärfmaschine.</td><td>Abb. 65. Graphische Tabelle für die Supportverschiebung.</td></tr>
</table>

des Schlittens etwas größer als errechnet zu nehmen, da beim Angreifen der Schärfscheibe das Sägeblatt sich etwas nach links (Abb. 64) verschiebt und dadurch der Spanwinkel kleiner als beabsichtigt werden würde.

Die Aufspannachse für das Sägeblatt kann auch auf einem Schwenkschlitten gelagert sein, dessen Drehpunkt in der Höhe des Angriffspunktes der Schärfscheibe liegt, so daß beim Schwenken des Schwenkschlittens die Achse des Sägeblattes um die Größe a herausgerückt wird.

Das hat den Vorteil, daß für alle Blattdurchmesser für einen bestimmten Spanwinkel nur eine Einstellung notwendig ist, die nach einer seitlich angebrachten Skala ausgeführt werden kann.

Bei älteren Maschinen, bei denen ein solcher Schlitten nicht vorhanden ist und der Bolzen zur Aufnahme und Befestigung senkrecht unter der Schärfscheibe liegt, muß eine ähnliche Vorrichtung angebracht werden, um das Sägeblatt seitlich herausrücken zu können. Es kann dies z. B. sehr einfach geschehen, indem auf die vorhandene Achse o (Abb. 66)

Abb. 66. Vorrichtung zum seitlichen Aufspannen des Sägeblattes.

eine Flachleiste aufgeschraubt wird, die an ihrem anderen Ende einen Bolzen b zur Befestigung des Sägeblattes trägt. Durch Drehen der Lasche L um die Achse o kann der Abstand a in gewissen Grenzen verändert werden. Der Abstand l zwischen o und b ergibt das Größtmaß a, und dieses muß dem größten zu erzielen-

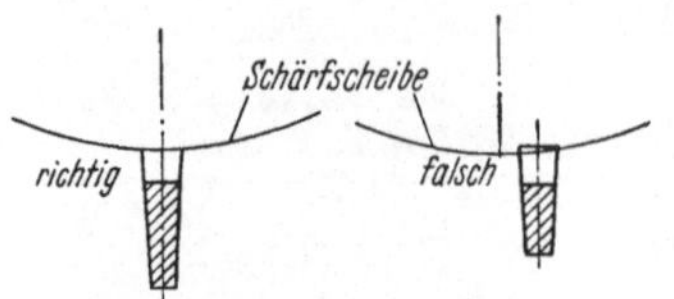

Abb. 67. Aufspannen des Sägeblattes unter Schärfscheibenmittellot.

den Spanwinkel und dem größten zu schärfenden Sägeblattdurchmesser angepaßt werden. Nach Drehung von b um o bis in die gewünschte Lage wird die Lasche L mit einer Mutter auf o festgehalten.

Das Sägeblatt wird auf dem Aufspannbolzen durch eine Spannscheibe mit verschiedenen hintereinanderliegenden Durchmessern so aufgespannt, daß die Mittelebene des Sägeblattes genau im Mittellot der Schärfscheibe steht (Abb. 67). Sonst verläuft dann später beim Arbeiten das Blatt im Schnitt.

24. Vorschub des Sägeblattes von Zahn zu Zahn. Vor jedem Schleifhub muß das Sägeblatt um einen Zahn weiter geschaltet werden. Das geschieht mit einer entsprechend angetriebenen Schaltfalle, die in die dem gerade geschärften Zahn folgende Zahnlücke eingreift und das Sägeblatt je nach dem Hub der Schärfscheibe vorwärts bewegt. Dabei sind kleine Teilungsfehler nicht immer zu vermeiden, und durch einen Teilungsfehler entsteht auch stets eine Ungenauigkeit in der Höhe des betreffenden Zahnes. Darauf, wie schädlich dies für die Beanspruchung dieses Zahnes beim Sägen ist, wurde schon früher (S. 26) hingewiesen. Diese Ungenauigkeiten werden vermieden, indem hinter dem Sägeblatt eine Schablone mit der Zähnezahl

Abb. 68. Bremsbolzen und Einschleifen der Spanbrechernuten.

des zu schärfenden Blattes mit ganz genauer Teilung aufgespannt wird und die Schaltfalle nun so eingestellt wird, daß sie in die Zahnlücken dieser Schablone eingreift. Auf diese Weise können auch beschädigte Sägeblätter, aus denen einer oder mehrere Zähne herausgebrochen sind, geschärft werden (Abb. 62).

Um ein Voreilen des Sägeblattes unter dem Schleifdruck zu vermeiden, wird eine Abbremsung derart vorgesehen, daß zwei mit Fiber versehene Bremsbolzen möglichst nahe unter dem zu schärfenden Zahn vor und hinter dem Sägeblatt angebracht sind. Der hintere Bolzen sitzt fest, der vordere wird durch eine Feder an das Blatt angedrückt (Abb. 68).

Eine besonders genaue Teilung und damit besten Rundlauf ergeben die Schärfmaschinen mit angebautem selbsttätigem Teilapparat, die natürlich teurer sind. Der Teilapparat wird angetrieben über Wechselräder, die für die verschiedenen Zähnezahlen ausgewechselt werden können.

25. Abmessung und Härte der Schleifscheibe. Die Schleifscheibe wird in der Breite etwa 0,4—0,5 von der Größe der Zahnteilung des zu schärfenden Blattes gewählt und erhält eine gute Abrundung, so daß (Abb. 64) $b = 2r = (0,4—0,5)\,t$ ist. Die Schleifscheiben dürfen nicht schlagen und sollen eine Umfangsgeschwindigkeit von etwa 25 m/s haben. Scheiben, die zu langsam laufen, erscheinen zu weich und nutzen sich schnell ab, die zu schnell laufen, erscheinen ungebührlich hart, verglasen auf den Schleifflächen, greifen den Stahl der Zähne dann nicht an und verbrennen die Zahnspitzen. Da Härte und Körnung der Schleifscheiben der Umdrehungszahl der Scheibe angepaßt werden können, ist diese dem Scheibenlieferanten anzugeben. Der Durchmesser der Scheibe wird durch die Abnutzung immer kleiner und damit auch die Umfangsgeschwindigkeit. Es ist daher zweckmäßig, wenn die Schleifscheibe von einer zwei- oder dreifachen Stufenscheibe angetrieben wird, damit die richtige Umfangsgeschwindigkeit beibehalten werden kann. Es sind im allgemeinen weiche Scheiben zu verwenden, da sie die Zähne nicht so leicht verbrennen und weich machen. Sie verglasen nicht und schleifen schneller als harte Scheiben, halten aber auch nicht solange. Sobald die Scheiben sich zusetzen, müssen sie abgedreht oder abgerichtet werden, da sie sonst die Zahnschneiden ausglühen. Abgerichtet wird mit Diamanten oder gehärteten Stahlscheiben, die am Umfang scharfe Spitzen tragen oder mit einem

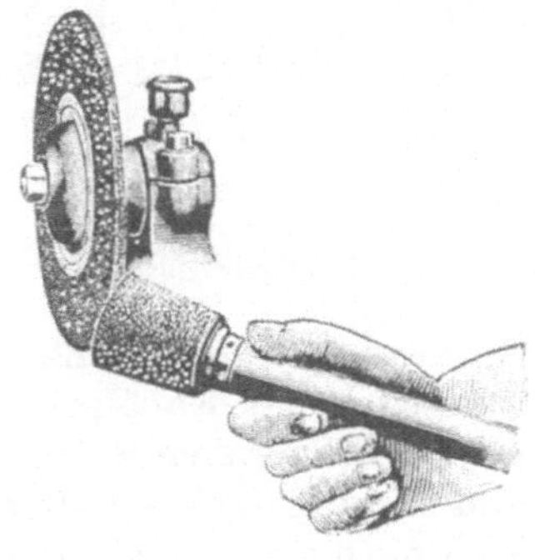

Abb. 69. Abrichtapparat.

Handschleifapparat (Abb. 69). Dieser besteht aus einer kleinen, sehr harten Schleifscheibe, die mit einem Kugellager versehen auf einem Bolzen mit Handgriff ruht. Es ist beim Schärfen darauf zu achten, daß bei jedem Angriff der Schleifscheibe nur wenig von den Zähnen abgeschliffen wird, da die feinen Zahnschneiden bei zu starkem Angriff der Schleifscheibe schnell warm werden und ausglühen.

26. Einstellung der Schleifmaschine. Der Schleifarm der Schleifmaschine, auf dem die Schleifscheibe befestigt ist, soll so eingestellt werden, daß er beim Schleifen etwa waagerecht steht. Der Vorschubhebel oder die Schaltfalle muß den dem geschliffenen folgenden Zahn angreifen und so gestellt werden, daß die Schleifscheibe die Zahnspitze beim Heruntergehen gar nicht berührt, an der Zahnbrust nur gerade entlang streicht und die Zahnlücke vertieft, ohne die Breite der seitlichen Fase zu verkleinern (Abb. 70 a). Die als richtig befundene Zahnform darf beim Schärfen nicht verändert werden, namentlich müssen der Spanwinkel und die Hohlkehle durch richtige Einstellung des Hubes der Schleifscheibe so beibehalten werden, wie sie gewesen sind. Auch die Wölbung des Zahnrückens darf nicht zu groß und nicht zu klein werden, was ebenfalls durch Einstellung des Hubes der Scheibe erreicht wird. Die jeder Schärfmaschine beigegebenen Anleitungsvorschriften sind genau zu beachten.

Nachdem so die Zähne geschärft und die Zahnlücken vertieft sind, wird der Freiwinkel angeschliffen. Dies geschieht durch Überschleifen des Zahnes an der Spitze (Abb. 70 b), wobei die Schaltklinke den geschliffenen Zahn

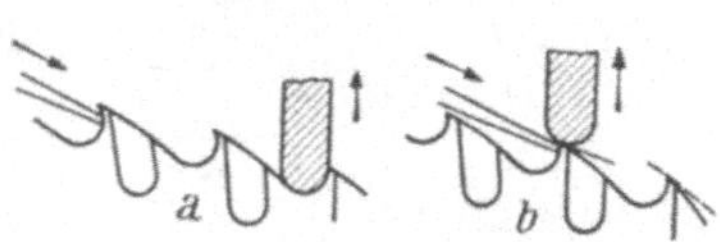

Abb. 70. Schärfen der Zähne.

vorschiebt und der Hub der Scheibe und der Vorschub des Sägeblattes so einzustellen sind, daß der gewünschte Freiwinkel von 5—10° erreicht wird. Durch dieses nochmalige Anschleifen mit kurzem Schleifhub werden alle Zähne gleich hoch, was für ein gleichmäßiges Arbeiten unbedingt erforderlich ist.

Zum Anbringen der Spanbrechernuten, des Wechselschliffes oder der Vor- und Nachschneidezähne wird der Vorschubhebel so eingestellt, daß bei jedem Hub das Blatt um zwei Zähne verschoben wird. Zum Einschleifen der Spanbrechernuten wird eine besonders mit der Maschine mitgelieferte Vorrichtung an dem Schleifarm angebracht, in der eine senkrecht zu der eigentlichen Schleifscheibe liegende dünne Schleifscheibe gelagert ist. Es werden dann in zwei Arbeitsgängen zunächst die

Spanbrechernuten auf der rechten und dann die auf der linken Seite des Blattes eingeschliffen (Abb. 71). Diese besondere Vorrichtung ist für den Wechselschliff

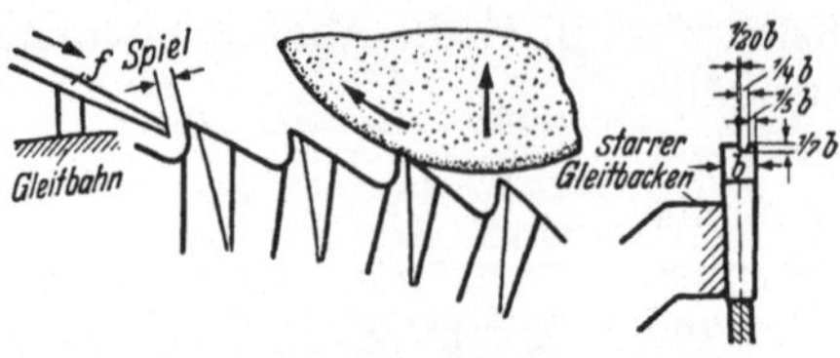

Abb. 71. Schleifen der Spanbrechernuten.

oder die Vor- und Nachschneidezähne nicht notwendig. Hierfür wird der Schleifarm nach vorn bzw. nach hinten verschoben, um die Kanten der Zähne abschrägen zu können. Beim Wechselschliff werden zunächst in der vorderen Stellung des Schleifarmes die Kanten jedes zweiten Zahnes, sodann in der hinteren Stellung des Schleifarmes die Kanten, die zwischen den zuerst geschliffenen Zähnen liegen, unter 45° abgeschrägt (Abb. 72 u. 73). Das Abschleifen der Kanten der Vorschneider geschieht auf die gleiche Weise, nur muß hierbei vor dem Brechen der Kanten jeder zweite als Nachschneider dienende Zahn etwas tiefer geschliffen werden, etwa um 0,3—0,5 mm. Dies wird am besten gleich nach dem Anschleifen des Freiwinkels gemacht.

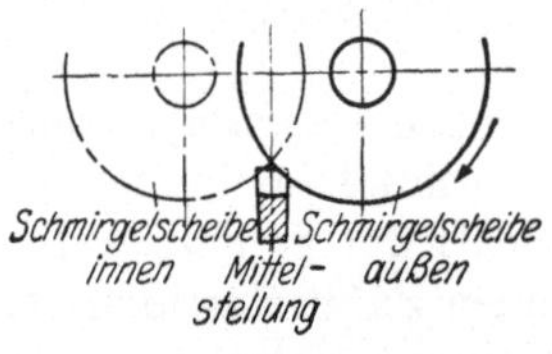

Abb. 72.
Abschrägen der Schneidkanten.

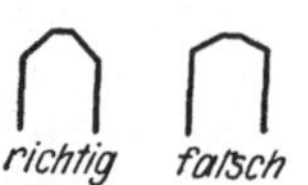

Abb. 73. Richtiger und falscher Vorschneider.

Abb. 74. Schräg abgerichtete Schärfscheibe.

Abb. 75. Auslaufen der Abschrägung am Vorschneider.

Bei anderen Konstruktionen wird die unterschiedliche Höhe der Vor- und Nachschneidezähne in einem Schleifgang vollzogen, indem dem Schleifschlitten bei jedem 2. Zahn eine zusätzliche Abwärtsbewegung erteilt wird. Damit ist der Höhenunterschied beider Zähne der willkürlichen Einstellung durch den die Maschine bedienenden Arbeiter entzogen und wird immer gleichmäßig durch die Maschine selbst ausgeführt. Außerdem wird das Fertigschärfen natürlich auch beschleunigt.

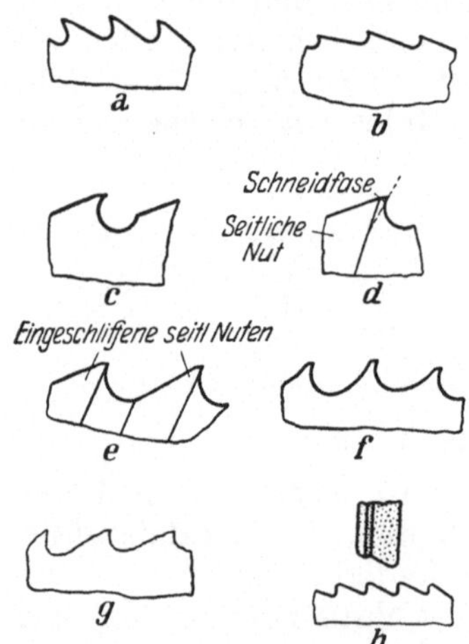

Abb. 76. Schärffehler.

Zum Abschrägen der Kanten wird eine möglichst kleine, spitz abgerichtete Schleifscheibe (Abb. 74) verwendet und die Mitte des Sägeblattes unter die Schleifscheibe verschoben. Möglichst klein muß die Schleifscheibe sein, damit sie die Kanten in genügender Breite und unter dem richtigen Winkel von 45° abschrägen kann, ohne den Nachbarzahn zu berühren. Dabei ist soviel abzuschleifen, daß nur ein Viertel der Schnittbreite stehen bleibt. Die Abschrägung selbst muß weit nach hinten auslaufen, etwa bis auf $\frac{1}{3}$ der Teilung (Abb. 75).

27. Schärffehler. In Abb. 76 sind Zahnformen abgebildet, wie sie nicht sein sollen, Fehler, die beim Schärfen nur allzu häufig gemacht werden, aber unbedingt vermieden werden müssen:

a. Da der Schleifscheibenhub zu groß gestellt ist, werden die Zähne zu spitz und brechen daher leicht ab, die Zahnlücke wird zu tief. Außerdem ist die Schleifscheibe zu schmal.

b. Infolge zu kleinen Schleifscheibenhubes werden die Zahnlücken zu klein und die abgehobenen Späne haben nicht genügend Platz.

c. Wenn eine Ecke am Zahnrücken entsteht, hat die Schaltklinke toten Gang und schiebt den Zahn zu spät vor. Die Späne können nun nicht ausfallen und werden im Zahngrund festgeklemmt.

d. Der Spanwinkel ist zu groß eingestellt, wodurch die seitliche Schneidfase allmählich abgeschliffen wird.

e. Der Spanwinkel ist zwar richtig eingestellt, die Spanfläche des Zahnes wird aber zu sehr von der Schleifscheibe angegriffen und dadurch die seitliche Schneidfase immer schwächer, bis sie ganz abgeschliffen ist und das Sägeblatt nicht mehr verwendbar ist.

f. Die Schaltklinke schiebt den Zahn zu früh vor, dadurch entsteht ein hohler Zahnrücken; der Zahn wird zu schwach.

g. Wellig wird der Zahnrücken und bekommt blaue Anlaufflecken, wenn die Schleifscheibe flattert, unrund läuft oder nicht spielfrei gelagert ist.

h. Die Schleifscheibe darf bei kleinerer Zahnteilung auch nicht zu breit sein, da sie sich sonst ungleichmäßig abnutzt und die Zahnform verdirbt. Außerdem erhitzt die zu große Schleiffläche den Zahn und glüht ihn aus.

, Es kommt auch manchmal vor, daß der Spanwinkel ganz weggeschliffen wird und sogar ein negativer Winkel an der Spanfläche entsteht. Das kann aber eigentlich nur geschehen, wenn beim Schärfen gar nicht aufgepaßt wird und die Maschine von einem gänzlich unkundigen Arbeiter bedient wird. Bei einiger Aufmerksamkeit lassen sich die geschilderten Fehler und auch andere leicht vermeiden, vorausgesetzt, daß die Schärfmaschine immer in Ordnung gehalten wird und daß genügend Sägeblätter zum Auswechseln vorhanden sind, damit die für ein sorgfältiges Nachschärfen unbedingt nötige Zeit auch darauf verwendet werden kann.

F. Die Ausbesserungen an Sägeblättern.

28. Neuzahnen und Einsetzen von Ersatzzähnen. Bei der Bestimmung der Anzahl der für einen Betrieb notwendigen Sägeblätter muß berücksichtigt werden, daß an einem Blatt auch einmal Ausbesserungen vorkommen können oder daß ein Blatt nach vollkommener Abnutzung der Zähne zum Einsetzen von neuen Zähnen oder Segmenten an die Lieferfirma eingeschickt werden muß. Es ist besser, diese vollkommene Neuzahnung bei der Lieferfirma machen zu lassen, da die eigene Werkzeugmacherei doch in den seltensten Fällen ausreichend eingerichtet ist, um alle hierfür nötigen Arbeiten richtig ausführen zu können. Der Kranz des Sägeblattes mit den eingesetzten Zähnen oder Segmenten muß vollkommen gleichmäßig stark und nach der Mitte verjüngt verlaufend geschliffen sein, wozu Sondereinrichtungen gehören, und nach dem Einsetzen der Zähne und nach dem Schleifen müssen die Blätter sehr sorgfältig gerichtet werden. Das bringen auch gute Schlosser kaum sachgemäß fertig, es sind dazu geübte Sägenrichter nötig. Dagegen muß unbedingt darauf gesehen werden, daß kleinere Instandsetzungen in der eigenen Werkzeugmacherei gut und sachgemäß ausgeführt werden können. Hierzu gehört in erster Linie das Einsetzen eines neuen Zahnes oder Segmentes an Stelle eines gebrochenen. Die Ersatzzähne müssen sehr sauber eingepaßt werden, damit sie richtig festsitzen, und sie dürfen seitlich nicht überstehen. Ein etwa seitlich vorstehender Zahn ist bis auf die genaue Breite der anderen Zähne abzuschleifen. Ebenso sind die Ersatzzähne in der Höhe so weit herunterzuschleifen, daß sie mit den schon etwas abgenutzten alten am Umfang übereinstimmen. Es muß sehr vorsichtig und nicht mit zu starkem Druck geschliffen werden, damit der Zahn nicht ausglüht. Nach dem Einsetzen eines oder mehrerer Ersatzzähne ist das Sägeblatt völlig neu zu schärfen, damit die neu eingesetzten Zähne in allem genau mit den übrigen Zähnen übereinstimmen. Das trifft in gleicher Weise auch für das Einsetzen von Ersatzsegmenten in Segmentblätter zu.

29. Instandsetzung der Stammblätter. Sollte es vorgekommen sein, daß mit einem oder mehreren ausgebrochenen Zähnen auch eine Stammblattzunge bei den Blättern mit einzeln eingesetzten Zähnen ausgebrochen ist, dann kann die Ausbesserung so vorgenommen werden, daß ein Stahlstück mit einer Zunge, die genau

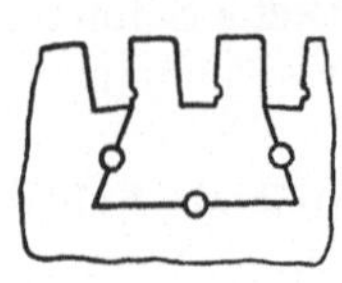

Abb. 77. Ausbesserung des Stammblattes.

der ausgebrochenen entspricht (Abb. 77), schwalbenschwanzförmig in das Stammblatt eingepaßt und mit diesem vernietet wird. Ein solches Stück kann man sich entweder selbst herstellen oder auch von der Lieferfirma des Sägeblattes beziehen. Es empfiehlt sich weniger, ein solches Stück einzuschweißen, da durch das Schweißen die Spannung und Richtung des Sägeblattes verloren geht und nur schwer wieder hergestellt werden kann. Nachdem auf diese Weise das Stammblatt in Ordnung gebracht ist, müssen die fehlenden Zähne auf die vorher beschriebene Art ergänzt werden.

Die Bohrungen der Sägeblätter sind besonders pfleglich zu behandeln, damit das gute Rundlaufen der Blätter nicht in Frage gestellt wird. Wenn eine Bohrung

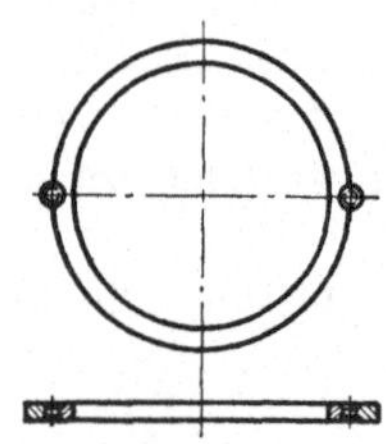

Abb. 78. Instandsetzung der Bohrung.

aus irgendeinem Grunde zu weit geworden ist oder der aufnehmende Sitzring wegen Beschädigung etwas abgeschliffen werden mußte, wird die Bohrung des Blattes noch etwas weiter ausgedreht, so daß eine Buchse von mindestens 5 mm Wandstärke in das Stammblatt eingesetzt und mit ihm vernietet werden kann (Abb. 78). Hernach wird die Bohrung der Buchse genau ausgeschliffen und das Sägeblatt nachgeschärft, damit etwaiges Unrundlaufen, das beim Ausbuchsen nicht zu vermeiden ist, wieder ausgeglichen wird. Die Buchse muß vorsichtig vernietet werden, da sonst die Spannung des Blattes leidet.

Nachgerichtet werden zweckmäßigerweise krummgewordene Sägeblätter nicht in der eigenen Werkstatt, sondern bei der Herstellerfirma, da nur dort das Richten unter Berücksichtigung aller Umstände gut ausgeführt werden kann (Abb. 79). Es sind selten bei den Verbraucherfirmen die geeigneten Leute vorhanden, die ein krummes Blatt wirklich wieder vollkommen gerade bekommen und ihm dabei die richtige Spannung geben können. Wenn an den Blättern falsch gehämmert wird, können bei einzeln eingesetzten Zähnen sämtliche Zähne locker werden, weil durch das falsche Hämmern der Sägenrand länger wird und damit auch die Schlitze sich vergrößern, in denen die Zähne befestigt sind.

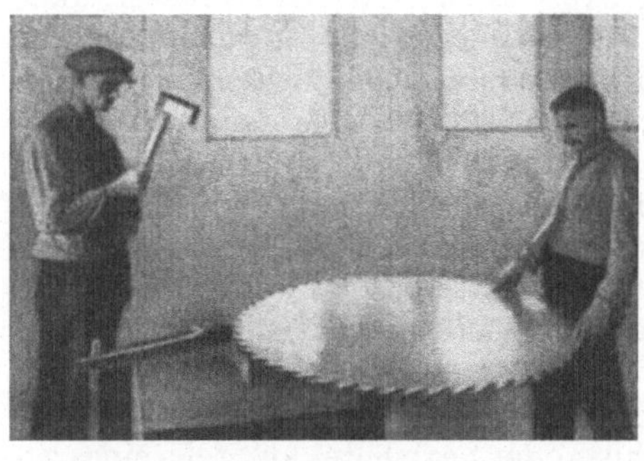

Abb. 79. Richten eines Sägeblattes[1].

G. Schnittzeiten und Vergleich von Sägeblättern.

30. Rechnerische Ermittlung der Schnittzeit. Die rechnerische Ermittelung der Schnittzeit für Sägemaschinen wird dadurch erschwert, daß der Vorschub des Sägeblattes nicht dauernd gleichmäßig ist, sondern sich der Stärke des zu sägenden

Querschnittes anpaßt. So wird die wirkliche Schnittzeit immer etwas länger sein, als sich rechnerisch aus Umdrehungszahl und Vorschub des Sägeblattes ergibt. Für die rechnerische Ermittelung werden folgende Größen gebraucht:

$v = $ Schnittgeschwindigkeit in m/min

$n = $ Umdrehungszahl des Sägeblattes in 1 Minute

$D = $ Durchmesser des Sägeblattes in mm

$d = $ Durchmesser des Arbeitsstückes in mm

$s = $ Vorschub des Sägeblattes in mm/U

$s' = $ Vorschubgeschwindigkeit in mm/min

$t' = $ errechnete Schnittzeit in min

$t = $ wirkliche Schnittzeit in min

$F = $ Schnittfläche in cm²

$f = $ minutliche Schnittfläche in cm²/min

$B = $ Breite des Arbeitsstückes in mm = Arbeitsweg des Sägeblattes.

Es ist für runde Querschnitte:

$$n = \frac{v \cdot 1000}{D \cdot 3{,}14}; \ s' = n \cdot s; \ t' = \frac{d}{s'} = \frac{d}{n \cdot s}; \ t = a \cdot t' = a \cdot \frac{d}{n \cdot s};$$

dabei ist a ein Faktor, der sich nach dem Querschnitt des Werkstückes und nach Art der Maschine, besonders nach der Art der Nachgiebigkeit des Vorschubgetriebes, d. h. nach der Kraft des Gegengewichtes oder der Spannung der Gegenfeder, richtet. a ist aber auch abhängig von der Gleichmäßigkeit des Werkstoffes und in hohem Maße von der Güte des Sägeblattes und von der Schärfe jedes einzelnen Zahnes. Für ein in bestem Zustande befindliches Sägeblatt und für gleichmäßigen Werkstoff kann a für die verschiedenen Querschnitte der Werkstücke durch Versuche festgelegt werden. Für ein schlecht geschärftes oder stumpfes Sägeblatt wird a wesentlich größer.

31. Die Schnittzeit unter Berücksichtigung der Schnittleistung. Infolge der nachgiebigen Vorschubschaltung ist es bei Ermittelung der Schnittzeiten günstiger, von der größten Schnittleistung der Maschine auszugehen. Die Schnittleistung, die von der Stärke und der Bauart der Maschine und der Nachgiebigkeit des Vorschubgetriebes abhängig ist, kann durch die in der Minute erzeugte Spanmenge ausgedrückt werden. Da die Breite der Späne bei demselben Sägeblatt immer gleich ist, kann dies auch durch die Größe des in einer Minute geschnittenen Querschnittes f in cm²/min geschehen. Zur Bestimmung von f für eine bestimmte Werkstoffart durchsägt man einen für die Größe des Sägeblattes möglichst großen Querschnitt mit einem bestens geschärften Sägeblatt und stellt hierfür die erforderliche Zeit fest. Den geschnittenen Querschnitt F dividiert man durch die gebrauchte Zeit und erhält so f, das für den untersuchten Werkstoff und das Sägeblatt in bezug auf Schärfe, Schnittbreite, Schneidwinkel Gültigkeit hat und im allgemeinen für Vollquerschnitte etwas größer als für Profile ist. Umgekehrt ist bei festliegendem f für einen anderen Querschnitt die erforderliche Schnittzeit $t = \dfrac{F}{f}$, vorausgesetzt, daß die für diese Laufzeit erforderliche Vorschubgeschwindigkeit auch auf der Maschine eingestellt werden kann. Es können nun zwei Fälle eintreten: entweder die Maschine arbeitet mit vollem Vorschub, aber infolge niedriger Querschnittshöhe, nicht ausgenutzter Schnittleistung oder sie arbeitet bei größerer Querschnitthöhe mit voller Schnittleistung, aber verringertem Vorschub.

Zur Erläuterung diene das Schaubild Abb. 80, das auch unmittelbar als Rechentafel Verwendung finden kann. Die Maßstäbe sind für mittlere Verhältnisse gewählt, für größere Querschnitte und längere Schnittzeiten sind sie entsprechend abzuändern.

F und f sind so aufgetragen, daß aus beiden Werten die Schnittzeit abgelesen werden kann. Man geht von dem zu schneidenden Querschnitt F waagerecht nach rechts bis zum Schnittpunkt mit dem Strahl, der den Nullpunkt mit dem für die Maschine, das Sägeblatt und den Werkstoff gültigen f verbindet, und findet senkrecht unter dem Schnittpunkt die Schnittzeit in min. Der größte Vorschub auf der Maschine sei für diese Betrachtung mit $s = 10$ mm/U angenommen und durch Versuche $f = 80$ cm²/min ermittelt. Für einen Querschnitt von $F = 200$ cm² ist $t = 2,5$ min abzulesen. Wenn man weiter die Breite B des Werkstückes einschließlich Anlauf und Überlauf des Sägeblattes durch die so ge-

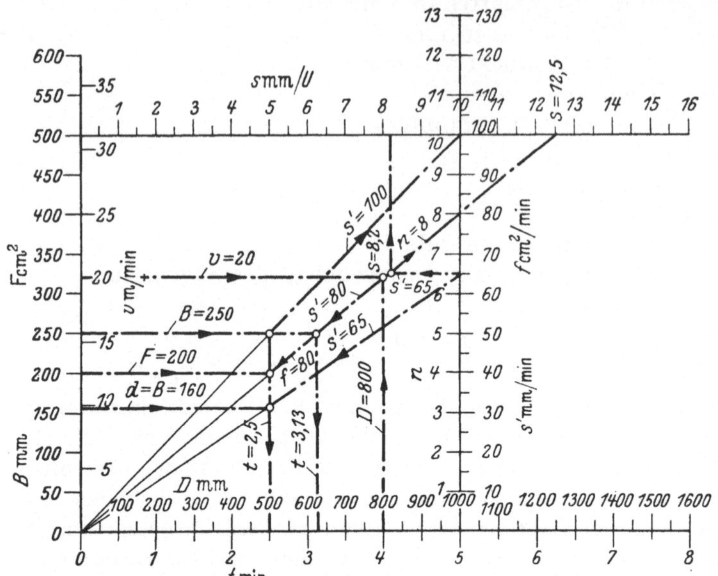

Abb. 80. Rechentafel zur Bestimmung der Vorschübe und der Schnittzeiten (nach SCHEID).

fundene Schnittzeit dividiert, erhält man die erforderliche durchschnittliche Vorschubgeschwindigkeit s', die auch aus dem Schaubild entnommen werden kann. Ist die Breite B des 200 cm² großen rechteckigen Querschnittes 250 mm und die Höhe 80 mm, so findet man s', indem man von $B = 250$ mm nach rechts und von $t = 2,5$ min senkrecht nach oben geht, den Schnittpunkt beider mit dem Nullpunkt verbindet und die Verbindungslinie nach rechts oben bis zum Schnittpunkt mit der rechten Ordinate s' verlängert. Man findet $s' = 100$ mm/min. Bei einem Sägeblatt von 800 mm ⌀ und einer Schnittgeschwindigkeit von 20 m/min erhält man aus dem Schaubild eine Umdrehungszahl für das Sägeblatt von $n = 8$. (Die Schnittgeschwindigkeit v ist entsprechend

$$\frac{v}{\pi} = n \cdot D$$

in einem verkürzten Maßstab aufgetragen, um auf der Abszisse den Durchmesser des Sägeblattes an Stelle des Umfangs $D \cdot \pi$ auftragen zu können.) Es sei angenommen, daß diese Umdrehungszahl auf der Maschine eingestellt werden kann, sonst wäre die diesem Werte am nächsten liegende Umdrehungszahl zu verwenden. Bringt man die Waagerechte durch $s' = 100$ mm mit dem Strahl $n = 8$ zum Schnitt, so erhält man im Schnittpunkt einen Vorschub von 12,5 mm. Die Werte s sind im allgemeinen senkrecht über dem Schnittpunkt auf der oberen Randskala ablesbar. Bei den in Abb. 80 gewählten Abmessungen liegt der Schnittpunkt in der oberen Randskala, weil diese zufällig die Waagerechte durch den Wert $s' = 100$ ist. Da aber die Maschine einen so großen Vorschub von 12,5 mm/U nach der gemachten Annahme nicht hat, muß auf den größten vorhandenen Vorschub von 10 mm/U zurückgegangen werden, wodurch die Schnittleistung nicht ganz ausgenutzt wird, denn s' ist dabei nur 80 mm/min. Die Schnittzeit wird im Schnittpunkt von $B = 250$ mit dem Strahl $s' = 80$ gefunden und ist nun an Stelle von 2,5 min 3,13 min.

Ist dagegen bei demselben Querschnitt von 200 cm² der Durchmesser eines runden Werkstückes 160 mm, d. h. auch $B = 160$ mm, so findet man aus dem Schaubild einen der Zeit $t = 2{,}5$ min entsprechenden Wert $s' = 65$. Bei dem gleichen Blatt von 800 mm ⌀ liegt links waagerecht vom Randskalenwert $s' = 65$ im Schnittpunkt mit dem Strahl $n = 8$ der durchschnittliche Vorschub $s = 8{,}2$, an der oberen Randskala ablesbar, der auf der Maschine durch Einschalten des nächsthöheren Vorschubes eingehalten werden kann. Die Schnittzeit ist in diesem Fall mit 2,5 min richtig ermittelt, denn sie entspricht sowohl der minutlichen Schnittleistung als auch dem möglichen Vorschub. Würde man einen noch größeren Vorschub auf der Maschine einstellen, um die Schnittzeit weiter zu verkürzen, so könnte man doch keine wesentliche Zeitersparnis mehr herausholen, da die Leistungsfähigkeit der Maschine überschritten und das Vorschubgetriebe um so mehr nachgeben würde. Man kann leicht durch Versuch feststellen, daß durch Einschalten eines noch höheren Vorschubes die Zeit nur sehr wenig verkürzt wird — höchstens noch beim Sägen der kleinsten jeweiligen Schnittquerschnitte —, während die Beanspruchung und damit die Abnutzung des Sägeblattes sehr viel größer wird. Auch das Ausbrechen von Zähnen und schließlich eine Zerstörung des Sägeblattes kann die Folge sein. Wenn der für einen Werkstoff und ein Sägeblatt größtmögliche Vorschub beispielsweise auf 6,6 mm/U festgestellt ist und die Schnittzeit mit diesem 4,5 min beträgt, wird durch Einschaltung eines um 50% höheren Vorschubes, also etwa 10 mm/U, die Schnittzeit nicht auf 3 min verkürzt, was dem Vorschub von 10 mm/U entsprechen würde, sondern vielleicht nur auf 3,9—4,1 min, weil die größtmögliche minutliche Schnittfläche f schon bei $s = 6{,}6$ erreicht ist.

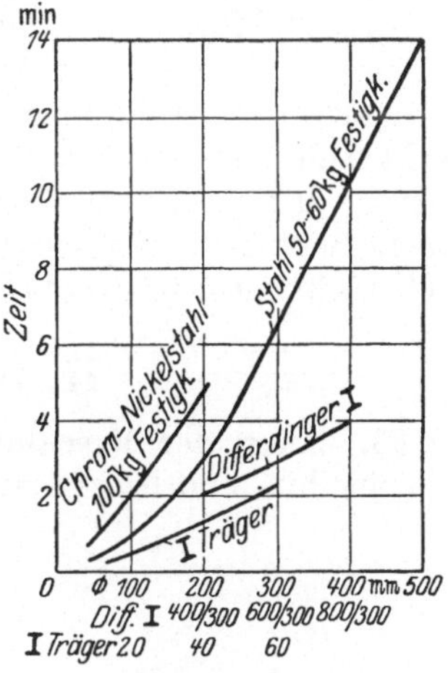

Abb. 81. Schnittzeiten.

Für Dauerleistungen soll man, wie auf S. 28 erwähnt, die Schnittleistung nicht zu groß bzw. die Schnittzeiten nicht allzu kurz wählen, weil dies nur auf Kosten des Sägeblattes geschehen kann, das in kürzerer Zeit stumpf wird. Einen Anhalt für durchschnittliche Dauerleistungen gibt Abb. 81, wenn sich auch bei voller Ausnutzung von Maschine und Werkzeug noch kürzere Schnittzeiten erzielen lassen. Es würden aber diese kürzeren Schnittzeiten nur für wenige Schnitte möglich sein, und das Blatt würde viel öfter zum Schärfen ausgespannt werden müssen. Der Vorteil der kürzeren Schnittzeit würde hierdurch wieder aufgezehrt. Nach diesen beiden Gesichtspunkten muß also die Schnittleistung oder die Schnittzeit gewählt werden. Zu dieser Schnittzeit tritt dann noch die Rücklaufzeit des Sägeblattes und die Auf- und Abspannzeit für das Werkstück hinzu, wobei ein Teil der letzteren mit der Rücklaufzeit des Sägeblattes zusammenfällt.

32. Vergleich von Sägeblättern. Die erzielbare Schnittzeit kann neben dem Kraftverbrauch als Maßstab für die Güte eines Sägeblattes angesehen werden. Je besser die Güte des Sägeblattes ist, um so kleiner ist auch bei gegebener Maschine und bei gleichem Werkstoff der Faktor a; bei längerer Benutzung des Sägeblattes wird a größer und gleichzeitig damit auch der Kraftverbrauch, weil die Schärfe der Zähne immer mehr nachläßt. Um Sägeblätter miteinander auf ihre Leistungsfähigkeit zu vergleichen, ist es daher nötig, die Schnittzeiten und den jeweiligen Kraftverbrauch und die Schnittzahl bis zum Stumpfwerden festzustellen. Aus den gewonnenen Werten kann man sich eine graphische Darstellung aufzeichnen, die eine gute Übersicht über die Leistungsfähigkeit der untersuchten Sägeblätter gibt. Kraftverbrauch und Schnittzeiten werden hierzu in Abhängigkeit von der Schnittzahl in einem Achsenkreuz aufgetragen (Abb. 82). Es ist selbstverständlich, daß man zu diesen Versuchen einen sehr gleichmäßigen Werkstoff haben muß, da sonst der Vergleich zuungunsten des Sägeblattes ausfallen könnte, das vielleicht gerade die besten Leistungen zu geben imstande ist. Auch darf man sich nicht auf eine Versuchsreihe bis zum Stumpfwerden beschränken, sondern muß, um mittlere

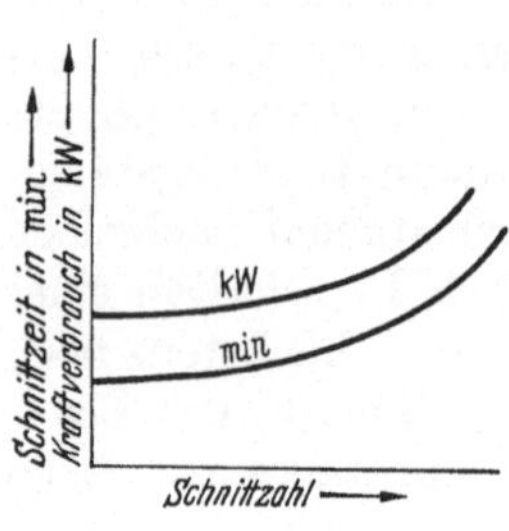

Abb. 82.
Einfluß der Abstumpfung.

Werte zu erhalten, mehrere solcher Versuchsreihen durchführen, am besten soviel, bis das Blatt ganz aufgebraucht ist, d. h. soweit nachgeschärft ist, wie es die Haltbarkeit der Zähne im Stammblatt gestattet. Man sieht auf diese Weise auch, welches Blatt am meisten nachgeschärft werden kann. Für die Wirtschaftlichkeit eines Blattes ist dies von größter Bedeutung, da die Ausnutzbarkeit der Zahnhöhe von mehreren Blättern sehr verschieden sein kann. Man könnte auch die ausnutzbare Zahnhöhe an den Sägeblättern von vornherein ausmessen. Man hat jedoch vor dem Versuch noch keinen Anhalt dafür, wann die Abnutzung der Zähne so weit fortgeschritten ist, daß der kleine verbleibende Rest der ursprünglichen Zahnlänge nicht mehr fest genug im Stammblatt sitzt. Bei den Versuchen ist noch darauf zu achten, daß die Zähne auch gleichmäßig abgestumpft werden, damit nicht von einem Blatt mehr abgeschärft werden muß als von einem anderen. Weiter ist auch zu berücksichtigen, wie oft Instandsetzungen nötig werden und was sie kosten.

II. Die Hub- oder Bügelsägen.

33. Bauart der Maschinen. In einem Bügel ist das Langsägeblatt befestigt, das eine hin- und hergehende Bewegung ausführt und immer nur in der Zugrichtung arbeitet, wodurch der günstige ziehende Schnitt zur Wirkung kommt. Beim Rückgang wird das Sägeblatt mechanisch etwas angehoben und im Umkehrpunkt wieder sanft aufgesetzt, so daß ein unnötiger Verschleiß der Sägenzähne durch Rutschen auf dem Werkstück vermieden wird. Die Hubzahl und die Hublänge sind einstellbar und der arbeitslose Rückgang läuft beschleunigt ab. Bei einfachen Maschinen wird der Vorschubdruck durch ein Gewicht erzeugt. Schonender für das Sägeblatt ist die hydraulische Belastung, wobei das Anheben für den Rücklauf, das sanfte Aufsetzen vor dem Arbeitshub und das Anheben in die höchste Stellung nach beendetem Schnitt durch Öldruck gesteuert wird. Abb. 83 zeigt eine Bügelsäge für das Schneiden kleinerer Querschnitte, Abb. 84 eine solche für größte Arbeiten.

Abb 3. Kleinere Bügelsäge.

34. Bedienung der Maschinen. Die Maschinen sind bequem zu bedienen und billiger in der Anschaffung als Kaltkreissägen, ebenso sind die Sägeblätter verhältnismäßig billig. Außer der längeren Schnittzeit gegenüber den Kaltkreissägen ist die geringere Schnittbreite der Sägeblätter und der damit in Zusammenhang stehende geringe Stoffverlust beim Sägen vorteilhaft, was besonders bei wertvolleren Werkstoffen zur Verwendung dieser Sägen führt. Voraussetzung für geringen Stoffverlust ist, daß der Schnitt auch immer genau gerade wird. Wenn der Sägebogen nicht besonders kräftig und sorgfältig geführt ist,

Abb. 84. Bügelsäge für große Querschnitte.

neigt das Sägeblatt dazu, unter der Belastung im Schnitt seitlich zu verlaufen, wodurch ein schräger Schnitt und damit Stoffverlust entsteht.

35. Sägeblätter. Die Sägeblätter der Hubsägen werden bei größerer Zahnung meist mit geschränkten Zähnen, bei feinerer Zahnung mit gewellten Zähnen ausgeführt. Die gröbere Zahnung, etwa 8—16 Zähne auf 1″, dient zum Schneiden von Vollquerschnitten, die mittlere Zahnung, etwa 18—22 Zähne auf 1″, zum Schneiden von starkwandigen Stahl-, Guß- und Stahlrohren, wobei beide Sorten mit geschränkten Zähnen versehen werden. Die mittlere Zahnung mit

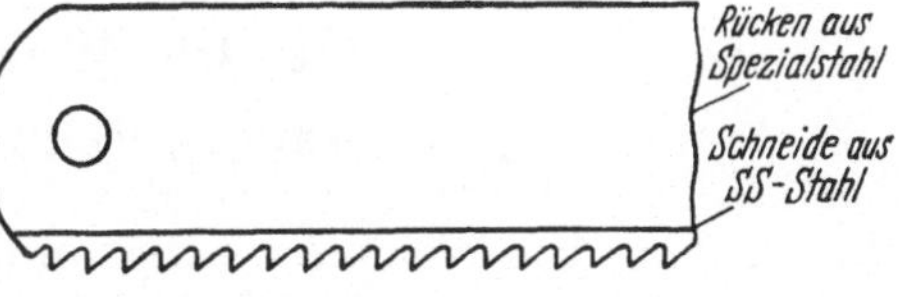

Abb. 85. Mit Schnellstahl verschweißtes Bügelsägeblatt.

gewellten Zähnen dient zum Schneiden von Kupfer und Messing, und die feine Zahnung, etwa 28 bis 32 Zähne auf 1″, mit gewellten Zähnen für dünnwandige Rohre, Draht, Kabel usw.

Die Zähne dieser Sägeblätter werden zweckmäßig auch nach den Grundsätzen, wie sie früher erörtert wurden, gestaltet, also Anbringen des Spanwinkels und der Hohlkehle im Zahngrund, eventuell unter Verwendung einer kleineren Zahnteilung am vorderen Ende des Sägeblattes, um ein ruhiges Anschneiden zu gewährleisten. Die Sägeblätter werden auch, besonders bei den größeren Abmessungen, mit Schnellstahlzähnen versehen, der Schneidenstahl wird entweder mit dem Stahlteil des Sägeblattes verschweißt (Abb. 85) oder ähnlich wie bei den Kreissägen in Segmentform auf den Grundkörper des Sägeblattes aufgesetzt und vernietet (Abb. 86). Diese sind nachschleifbar und auswechselbar und werden häufig mit Vor- und Nachschneider zur Spanteilung versehen.

Abb. 86. Zahnsegment eines Bügelsägeblattes.

36. Sägeautomat. Auch als Sägeautomaten sind die Bügelsägen ausgebildet worden (Abb. 87). Das Stangenmaterial bis 150 mm ⌀ wird wie üblich in dem Spannkopf gegen einen verstellbaren Anschlag eingespannt und das entgegengesetzte Ende in einem beweglichen Transportschraubstock befestigt. Nach erfolgtem

Schnitt hebt sich zunächst selbsttätig das Sägeblatt, wodurch gleichzeitig durch Anheben eines Gewichtes der Spannkopf sich öffnet. Das Stangenmaterial wird nun automatisch von dem Transportschraubstock bis an den Anschlag vorgeschoben und beim Senken des Sägeblattes der Spannkopf wieder geschlossen. Diese Bewegungen wiederholen sich fortlaufend, bis die ganze Materialstange, die eine beliebige Länge haben kann, zersägt ist, wonach sich die Maschine selbst ausschaltet. Bei kleinen Durchmessern bis etwa 30 mm können Abschnitte bis 1000 mm Länge abgesägt werden. Wie bei jedem Drehautomaten ist also immer nur das Ausspannen des Materialreststückes aus dem Transportschraubstock und das Einspannen einer neuen Materialstange durch einen Arbeiter auszuführen.

Abb. 87. Bügelsägeautomat.

III. Die Warmkreissägen.

37. Verwendung der Warmsägeblätter. Je weicher ein Werkstoff ist, um so höher kann bei der spanabhebenden Bearbeitung die Schnittgeschwindigkeit gewählt werden. Die Weichheit hängt in hohem Maße von der Zerreißfestigkeit ab, wenn auch noch andere Qualitätseigenschaften hierfür eine Rolle spielen. Es ist bekannt, daß der Stahl bei höheren Temperaturen sehr an Festigkeit abnimmt. Bei einer Temperatur von 900 bis 1000° beträgt die Festigkeit des Stahls je nach seiner Zusammensetzung nur noch etwa 3—5 kg/mm² und man kann daher ein Stahlmaterial bei dieser Temperatur mit einer sehr hohen Schnittgeschwindigkeit bearbeiten. Dieser Vorteil wird bei den Warmsägen ausgenützt, die in der Hauptsache im Hüttenbetriebe dazu dienen, die aus der Walzenstraße kommenden Stahlknüppel, Stangen und Profile noch warm zu sägen. Der Vorschub, den man dabei dem Sägeschlitten geben kann, richtet sich nach der Leistungsfähigkeit des einzelnen Schneidzahnes des Sägeblattes. Wenn der Vorschub für jeden Zahneingriff auch sehr klein ist, so wird doch die minutliche Vorschubgeschwindigkeit infolge der großen Schnittgeschwindigkeit sehr groß, so daß ein Schnitt im Vergleich zum Kaltsägen sehr schnell erfolgt. Auch im Schmiedebetrieb werden die Warmsägen zum gleichen Zweck verwendet. Zuweilen werden auch stärkere Knüppel besonders zu dem Zwecke in einem Ofen erhitzt, um sie auf warmem Wege und daher sehr schnell zerteilen zu können. Es erscheint aber in sehr vielen Fällen zweifelhaft, ob dabei bei dem heute hochentwickelten Stande der Kaltsägerei noch wirtschaftlich gearbeitet wird. Zum Bedienen des Ofens, zum Herausholen der Knüppel und zum Bedienen der Warmsäge gehören immer mehrere Leute, während mehrere Kaltsägen von einem Mann bedient werden können und große Stücke mit einem Kran oder Flaschenzug leicht aus- und eingespannt werden können. Man muß daher unter Berücksichtigung aller Umstände im Einzelfall genau untersuchen, welches Verfahren, Warmsägen oder Kaltsägen, sich billiger stellt.

Zu gleichen Zwecken werden auch die Warmscheren gebraucht, die zwar schneller arbeiten als die Warmsägen, aber keinen so sauberen Schnitt ergeben, auch werden bei den Warmsägen die Verformungen an den Schnittkanten vermieden, die bei den Scheren immer auftreten.

Die Schnittgeschwindigkeit beim Warmsägen wählt man etwa zu 100 bis 120 m/s das sind bei einem Sägeblatt von 1500 mm ⌀ 1300 bis 1500 Umdrehungen in der Minute. Die Vorschubgeschwindigkeiten betragen bei kleineren Warmsägen 50 bis 100, bei mittleren 100—150, bei großen 150—200 mm/s, wobei die kleineren Vorschübe für Vollmaterial, die größeren für Profile geeignet sind. Diese großen Geschwindigkeiten sind nur bei den angegebenen hohen Temperaturen zulässig, da bei niedrigeren Graden die Festigkeit schnell zunimmt und dadurch die Zähne des Sägeblattes viel stärker und zu stark in Anspruch genommen werden. Daraus ergibt sich, daß der zu schneidende Werkstoff auf keinen Fall unter die niedrigst zulässige Temperatur abgekühlt sein darf, wenn beim Sägen nicht das Sägeblatt zerstört werden soll.

Abb. 88. Pendelwarmsäge.

Die hohe Schnittgeschwindigkeit, die wegen der geringen Festigkeit des warmen Werkstoffes möglich ist, hat noch das Gute, daß jeder einzelne Zahn des Sägeblattes nur sehr kurze Zeit in der Schnittfuge unmittelbar der Wärme des Schnittgutes ausgesetzt ist und sich nur wenig erwärmt. Der starke Luftstrom, der bei der schnellen Drehung entsteht, trägt auch noch zur Abkühlung der Zähne bei. Trotzdem ist eine gute Wasserkühlung des Blattes beim Austritt aus der Schnittfuge Grundbedingung für ein gutes Schneiden, da der Werkstoff des Sägeblattes schon bei geringer Erwärmung, etwa 400°, stark an Festigkeit abnimmt und die Zähne dadurch zu weich werden. Das Kühlwasser schreckt gleichzeitig die glühenden Späne ab, wodurch diese abspringen und die Zahnlücken nicht verstopfen.

38. Die Warmsägemaschinen. Viel verwendet werden die Pendelsägen (Abb. 88), bei denen das Sägeblatt durch Riemenübertragung von einem Elektromotor angetrieben wird, der auf einer kräftigen Konsole am Hauptständer der Maschine befestigt ist. Der Vorschub erfolgt durch einen besonderen Motor oder auch hydraulisch, ein Handvorschub ist als Sicherheit immer vorhanden, für den Fall, daß der automatische einmal versagen sollte. Das Pendel, in dem das Sägeblatt sitzt, wird in seitlichen Führungen an den Ständer geführt, wodurch die beim Arbeiten auftretenden Erschütterungen möglichst vermindert werden. Abb. 89 zeigt eine Schlittensäge. Das Sägeblatt wird durch einen breiten Riemen von einem Motor,

Abb. 89. Schlittenwarmsäge.

der mit dem Sägeblatt zusammen auf einen kräftigen Schlitten gebaut ist, oder
auch durch unmittelbar gekuppelten Motor angetrieben (Abb. 90). Dabei fallen
alle Riemenstörungen weg und die Sägewellenlager werden entlastet. Beim
Riemenantrieb sind nämlich die Riemenscheiben infolge der höchst zulässigen
Riemengeschwindigkeit bedeutend kleiner als die Blätter, und daher ist die Umfangskraft entsprechend höher: der Riemenzug ist mindestens gleich der dreifachen
Umfangskraft, so daß die Lager durch den Riemenzug bedeutend stärker belastet
werden als der Umfangskraft des Säge-blattes entspricht. Beim unmittelbaren
Antrieb ist dies nicht der Fall. Um ein möglichst kleines Sägeblatt verwenden zu
können, muß auch der Motor klein gebaut sein, damit die Wellenmitte niedrig liegt.
Durch eine aufgesetzte Schwungscheibe wird die Schnittarbeit unterstützt. Die Vor-
schubbewegung wird bei dieser Maschine

Abb. 90. Warmsäge mit unmittelbar gekuppeltem Motor.

durch eine Kurbelwelle, die von einem besonderen Motor angetrieben wird, erzeugt,
wobei das andere Ende der Kurbelstangen an dem Sägeschlitten angelenkt ist.
Durch selbsttätige Einstellung des Vorschubes in Abhängigkeit von der Belastung
des Sägemotors wird das Sägeblatt geschont. Mit Hilfe einer entsprechenden
Schaltung läuft der Vorschubmotor um so langsamer, je größer die Belastung des
Sägemotors wird. Bei einer bestimmten Überlastung bleibt der Vorschub stehen,
so daß sich das Sägeblatt freischneiden kann, worauf der Vorschub selbsttätig
wieder einsetzt.

Zum Schneiden von Rohren und leichteren Profilen dienen auch die Heiß-
eisen-Hebelsägen (Abb. 91), bei denen das Sägeblatt von Hand, aber auch mechanisch oder hydraulisch auf- und
abbewegt werden kann.

Zur Zuleitung des Kühl-
wassers dient ein Brauserohr mit
nach dem Sägeblatt gerichteten
Brauselöchern, das seitlich vom
Sägeblatt an der Schutzhaube
sitzt. Es sitzt zweckmäßig nahe
dem Austritt des Sägeblattes aus
dem Werkstück, muß aber so
angebracht sein, daß das Werkstück nicht mit abgekühlt wird.

Der Durchmesser des Säge-

Abb. 91. Hebelwarmsäge.

blattes ist abhängig von der
Querschnitthöhe des Werkstückes über der Rollenoberkante des Rollganges, von
dem Durchmesser des Aufspannflansches des Sägeblattes, dem unter Rollenoberkante stehenden Teil des Sägeblattes und dem Zwischenraum zwischen Werkstück und Aufspannflansch. Beispielsweise wird Profileisen von 300 mm Schnitt-
höhe mit einem Sägeblatt von 1600 mm Durchmesser geschnitten.

39. Werkstoff der Warmsägeblätter. Als Scheibenwerkstoff wird ein Kohlenstoffstahl von 80—90 kg/mm² Festigkeit und 12—14% Dehnung verwendet, wobei
der Mangangehalt etwa 0,8—1% betragen soll. Gehärtet werden diese Blätter

nicht; es ist nicht erforderlich, da trotz der hohen Schnittgeschwindigkeit wegen der niedrigen Festigkeit des warmen Werkstoffes der auf den einzelnen Zahn entfallende Schnittdruck sehr gering ist. Auch wäre bei gehärteten Blättern die Bruchgefahr sehr vergrößert. Die Blätter werden in natürlicher Härte geliefert und müssen aus bestem, völlig fehlerfreiem Stahl hergestellt sein. Kleinste Unreinigkeiten, Lunkerstellen u. a. können bei der hohen Umfangsgeschwindigkeit zum Auseinanderfliegen des Blattes führen. Solche sogenannten Explosionen ereignen sich immer wieder, und es kommt vor, daß dabei infolge der großen Zentrifugalkräfte Teile des Blattes durch das Dach des Fabrikraumes weit hinaus auf den Hof geschleudert werden.

40. Rißbildung. Beim Arbeiten mit Warmsägeblättern kann daher gar nicht genug empfohlen werden, die Blätter genau auf Rißbildungen, die meist radial von der Zahnlücke aus verlaufen (Abb. 92), öfters während des Stillstandes zu untersuchen und sie sofort auszubauen, wenn sich solche Risse zeigen. Die Ursachen für diese Risse können verschieden sein. Es kann ein Fehler im Werkstoff vorliegen, z. B. kann durch Lunkerbildung eine Doppelblechstelle entstanden sein. Beim

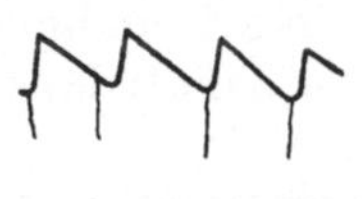

Abb. 92. Warmsägeblatt mit Rißbildung.

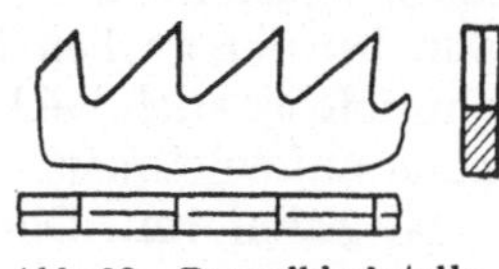

Abb. 93. Doppelblechstelle.

Walzen solcher großen Bleche können Doppelblechstellen immer einmal vorkommen, ohne daß sie an dem gewalzten Blech infolge des Zunders zu sehen sind; bei den fertig bearbeiteten und gestanzten Blättern zeigen sich aber dann an der Zahnoberfläche dunklere Linien, die auf eine solche Stelle schließen lassen (Abb. 93). In der Eingangskontrolle sind daher alle Warmsägeblätter am ganzen Umfange genau zu untersuchen. Es können aber trotz genauesten Prüfens solche Stellen vorhanden sein, die nicht erkannt werden konnten. Wenn die Doppelblechbildung aber nur so gering ist, daß sie mit dem bloßen Auge nicht entdeckt werden kann, wird sie sich auch in den meisten Fällen nicht so auswirken, daß das Blatt beim Arbeiten völlig zerstört wird. Es ist aber immer Vorsicht geboten. Weitere Ursachen für Rißbildungen können in der Herstellung und in der Behandlung des Blattes liegen. Die Zähne der Blätter sollten nicht gestanzt werden, wenn dies auch billiger ist als das Fräsen und schneller geht. Es können sich aber beim Stanzen leicht feine Haarrisse bilden — besonders wenn das Werkzeug nicht mehr ganz scharf ist —, die durch die starke und rasch wechselnde Beanspruchung beim Sägen und durch die Erwärmung und das Abschrecken zu größeren Rissen und Sprüngen Anlaß geben können. Der Zahngrund soll eine möglichst große Abrundung haben, da von scharfen Ecken infolge der Kerbwirkung besonders leicht Risse ausgehen. Dieser Fehler wird oft beim Nachschärfen der Blätter hervorgerufen. Es wird vielfach mit der Feile geschärft, oft auch an dem auf der Säge aufgespannten Sägeblatt, um das Auf- und Abspannen zu ersparen. Hierbei kommt es vor, daß die ursprünglich gute Abrundung im Zahngrund durch Verwendung einer falschen, zu scharfen Feile verloren geht und eine scharfe Ecke entsteht, von der dann eine Rißbildung ausgehen kann. Je größer die Abrundung in der ursprünglichen Zahnlücke ist, desto eher ist es möglich, eine größere und handlichere Feile mit großer Abrundung der Kanten zu verwenden, um die Bildung von scharfen Ecken zu vermeiden.

Es ist bei dem freihändigen Nachschärfen mit der Feile nicht zu erreichen, daß die Zähne alle gleich lang werden. Durch vorstehende Zähne wird beim Arbeiten mit dem Blatte nun aber eine starke Stoßwirkung hervorgerufen. Diese Beanspruchungen wiederholen sich am Tage unzählige Male, was, namentlich bei scharfen

Zahnecken, unbedingt zur Rißbildung und all den erwähnten Weiterungen führen muß. Dieser Fehler kann beim Schärfen auf einer selbsttätigen Schärfmaschine bei richtiger Einstellung nicht vorkommen; zur Vermeidung von scharfen Ecken muß aber darauf geachtet werden, daß die Schärfscheibe immer gut abgerundet ist.

Aber auch eine falsch gewählte Teilung der Zähne kann zu Brüchen führen. Wie schon bei den Kaltsägeblättern erwähnt, soll die Zahnteilung so groß sein, daß mindestens immer zwei Zähne im Eingriff sind. Tritt bei kleineren Schnittlängen, z. B. bei Stegen von T-Trägern oder Schenkeln von Winkeleisen, der eine Zahn aus dem Werkstück aus, bevor der nächste Zahn eingegriffen hat, so tritt eine Entspannung des Vorschubgetriebes ein. Hierdurch hakt der folgende Zahn zu stark ein, was Brüche zur Folge haben kann. Die Zahnteilung darf aber auch nicht zu klein sein, weil sich dann bei großen Schnittlängen die Zahnlücke verstopft, wodurch ebenfalls Brüche hervorgerufen werden. Bei Warmsägeblättern ist dies jedoch meist nicht so zu befürchten wie bei Kaltsägeblättern, da jeder einzelne Zahn bei der großen Schnittgeschwindigkeit nur wenig wegzunehmen hat. Die Zahntiefe ist auch bei kleinerer Zahnteilung meist groß genug, um die entstandenen Späne aufzunehmen.

41. Zahnform. Die Zahnform der Warmsägeblätter hat man früher immer in Dreiecksform mit etwas zurückliegender Schneidkante (Abb. 94) ausgeführt, weil man glaubte, durch die zurückliegende Schneidkante das Einhaken der Zähne und Rißbildung vermeiden zu können. Dies ist aber durch praktische Versuche nicht erwiesen; es hat sich vielmehr gezeigt, daß auch für das Warmsägen die allgemeinen Schnittgesetze Gültigkeit haben und nur durch ihre Befolgung günstige Schnittergebnisse erzielt werden können. Bei dem Dreieckzahn ist der Freiwinkel viel zu groß und die Spitze des Zahnes viel zu scharf. Sie erwärmt sich daher leichter, stumpft schneller ab und legt sich bald um (Abb. 94). Der Freiwinkel wird dadurch 0°, ein Eindringen der Zähne in das Werkstück ist nicht mehr möglich, und es tritt mehr ein Abwürgen als ein Schneiden ein. Noch spitzer wird beim Dreieckzahn die Zahnspitze, wenn man der Zahnbrust (Spanfläche) zur Erreichung eines wirklichen Schneidens einen positiven Spanwinkel gibt. Durch diesen wird außerdem der Zahn so geschwächt, daß er leichter abbricht. Man müßte also entsprechend den früheren Ausführungen dem Zahn zur Verstärkung und zur Erzielung eines kleineren Freiwinkels einen gewölbten Zahnrücken geben. Bei Warmsäge-

Abb. 94.
Abnutzung des
Dreieckzahnes.

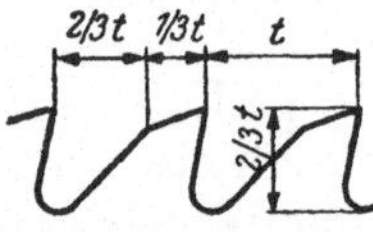

Abb. 95. Wolfszahn.

blättern braucht aber die Hohlkehle im Zahngrund wegen der auf jeden einzelnen Zahn entfallenden geringeren Spanmenge und wegen der ganz andersartigen Spanbildung nicht so groß zu sein, wie bei den Kaltsägen, man führt daher die Zähne besser nach der Form der Wolfszähne aus, die noch eine bessere Verstärkung des Zahnes ermöglicht und die sich sowohl mit der Feile als auch mit der Schärfmaschine besser nachschärfen läßt (Abb. 95). Die Breite des den Freiwinkel bildenden Teiles der Zahnlücken macht man etwa halb so groß wie den übrigen Teil. Die Zahntiefe ist allgemein etwa $^2/_3$ der Zahnteilung. Der Spanwinkel soll nicht zu groß sein, etwa 10° und der Freiwinkel etwa 10—15°. Man erhält so eine Schneide, die weniger schnell abstumpft, eine genügende Festigkeit besitzt und den Kraftverbrauch günstig beeinflußt. Der Kraftverbrauch ist weiter abhängig von der Blattdicke und der Zahnteilung. Die Blattdicke muß so gering wie möglich sein, ohne die Starrheit des Blattes zu gefährden; bei zu geringer Stärke würde das Blatt sich durchbiegen. Man erhält etwa die richtige Stärke s durch die Formel: $s = (0{,}18 — 0{,}20)\, \sqrt{D}$. Die Teilung muß zur Erzielung des geringsten Kraftverbrauchs möglichst groß sein, damit recht wenige Zähne im Eingriff stehen, dabei gilt aber die schon erwähnte Einschränkung beim Schneiden von Profilen und Rohren, bei denen mindestens immer zwei Zähne im Eingriff sein sollen. Günstige Verhältnisse beim Schneiden von Vollquerschnitten gibt für die am meisten vorkommenden Sägeblattgrößen Tab. 10.

Die Abb. 96 und 97 zeigen ein Sägeblatt vor Gebrauch und nach einem Schnittquerschnitt von 740 000 cm². Die Zahnspitzen weisen jetzt eine starke Abrundung auf, es ist aber aus dem großen Schnittquerschnitt zu erkennen, wie lange die Warmsägeblätter bei richtiger Verwendung und guter Instandhaltung gebraucht werden können.

42. Freischneiden. Die Mittel zur Erzielung des seitlichen Freischneidens spielen bei den Warmsägeblättern nicht die große Rolle wie bei den Kaltsägeblättern. Die großen, sehr schnell umlaufenden Sägeblätter werden nie ganz genau in

Tabelle 10.
Abmessungen der Warmsägeblätter.

Blatt ∅ mm	Blattstärke mm	Zahnteilung mm	Zähnezahl
400	3	9	140
500	3,5	10	156
600	4	12	156
700	4	14	156
800	4,5	15	168
900	5	16	176
1000	5,5	18	176
1100	5,5	18	192
1200	6	20	188
1400	7	22	200
1600	7,5	23	220
1800	8	24	236

Abb. 96.
Warmsägeblatt vor Gebrauch.

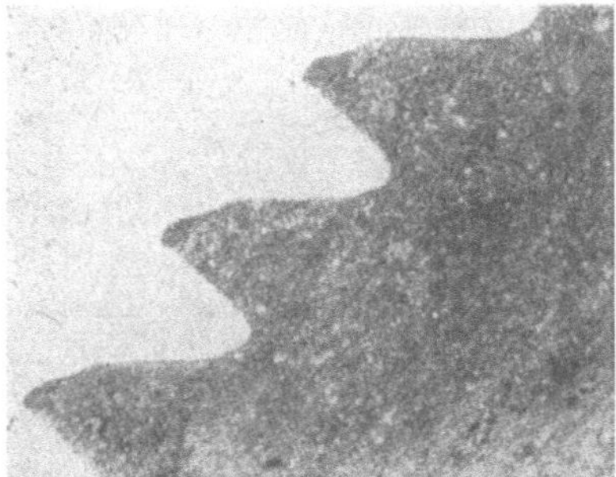

Abb. 97.
Warmsägeblatt nach Gebrauch.

einer Ebene laufen, so daß die Blätter von selbst in der Schnittfuge freiarbeiten. Das soll natürlich nicht heißen, daß die Blätter einen seitlichen Schlag haben dürfen. Alle Blätter, bei denen mit bloßem Auge ein seitlicher Schlag festgestellt werden kann, bedeuten vielmehr eine große Betriebsgefahr und erhöhen den Kraftverbrauch außerordentlich. Solche Blätter müssen sofort ausgebaut werden. Ein Schränken oder Stauchen der Zähne ist aber aus dem oben angeführten Grunde nicht erforderlich und würde durch den entstehenden breiteren Schnitt nur unnötigerweise den Kraftverbrauch erhöhen. Es hat sich aber erwiesen, daß ein geringes Verjüngtschleifen der Blätter nach dem Mittelpunkt zu von Vorteil ist, wenn es auf einen sauberen glatten Schnitt besonders ankommt. Das ist immer dann der Fall, wenn in der Adjustage auf diese Weise Nacharbeit gespart werden kann. Durch das Schleifen werden auch gleichzeitig die sonst rauhen Seitenflächen glatter, wodurch auch die Reibung vermindert wird. Der glattere Schnitt ist nur auf die geringere bzw. ganz fortgefallene Reibung zurückzuführen. Es kommt allerdings noch ein Umstand hinzu, der das Schleifen günstig erscheinen läßt: es ist im Walzwerk nicht möglich, diese großen Bleche so zu walzen, daß sie

an allen Stellen genau gleiche Stärke haben, und es kommen Stärketoleranzen von
6—10% der Blechstärke vor. Werden nun aus diesen ungleichmäßig gewalzten
Blechen Warmsägeblätter hergestellt, so haben diese am Umfang verschiedene
Stärken. Daraus folgt, daß die stärkeren Stellen der Blätter dort seitlich reiben,
wo die schwächeren Stellen geschnitten haben. Diese stärkeren Stellen der Warmsägeblätter können nur durch seitliches Schleifen beseitigt werden. Demnach werden auch seitlich plangeschliffene Blätter bessere Schnitte ergeben und geringeren
Kraftverbrauch aufweisen als die aus den roh gewalzten Blechen hergestellten. Für
viele Zwecke genügen die plangeschliffenen Blätter zur Verbesserung der Schnittflächen, und nur bei den ganz großen Blättern wird man zu verjüngt geschliffenen
Seitenflächen übergehen, wenn der glattere Schnitt wirklich Vorteile und später
Arbeitsersparnis bringt. Dabei ist jedoch zu bedenken, daß durch das Plan- oder
Verjüngtschleifen die Kosten der Blätter sehr gesteigert werden. Es kommt in
Walzbetrieben vor, daß schon mehr als zulässig erkaltetes Walzgut unbedingt geschnitten werden muß, da sonst durch zu lange Stäbe, die kaum fortgeschafft werden können, später weitere sehr hohe Unkosten durch schwierige Transporte entstehen würden. Durch zu kaltes Schneiden kann eine Warmsäge bei einem Schnitt
vollkommen unbrauchbar gemacht werden. Man nimmt in solchen Fällen das Un-
brauchbarwerden des Sägeblattes als geringeres Übel in Kauf. Wenn nun ein sehr
viel teureres geschliffenes Sägeblatt verwendet wurde, ist der entstandene Verlust
noch größer. Es muß daher genau geprüft werden, an welchen Stellen des Betriebes
mit Vorteil geschliffene Warmsägeblätter zu verwenden sind. In vielen Fällen wird
sicher mit diesen wirtschaftlicher zu arbeiten sein, während in anderen Fällen die
sogenannten schwarzen Blätter vollkommen ihren Zweck erfüllen. Die verjüngt
geschliffenen Blätter dürfen aber nur verwendet werden, wenn die Starrheit des
Blattes durch das Dünnerschleifen nach der Mitte zu nicht leidet. Die Blätter
wegen des verjüngten Schliffes stärker zu machen als sonst nötig, empfiehlt sich
wegen des größeren Kraftverbrauches nur in den seltensten Fällen.

43. Das Richten und Auswuchten. Starrheit und gutes Rundlaufen der Blätter
ist unbedingt zu beachten. Das genaue Richten der Blätter bei der Herstellung ist
die wichtigste Arbeit des Sägenfabrikanten.
Dabei sollen die Blätter nicht nur genau gerade werden, sondern sie müssen auch ebenso
wie die Kaltsägeblätter die richtige Spannung
erhalten. Im Gegensatz zu den Kaltsägeblättern, die stramm gerichtet werden, werden

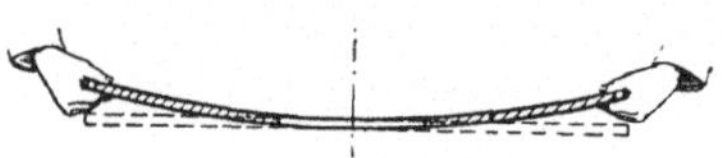

Abb. 98. Richtige Spannung der Warmsägeblätter.

die Warmsägeblätter lose gerichtet, d. h. man kann sie nach sachgemäßem
Richten vom Rande nach der Mitte zu hin und her biegen (Abb. 98). Sie
können durch diese Art der Spannungsverteilung die bedeutenden Fliehkräfte,
die bei der hohen Umfangsgeschwindigkeit entstehen, besser aufnehmen, als
wenn sie starr gerichtet wären. Falsch gerichtete Blätter, bei denen die Spannung nicht richtig verteilt ist, flattern und schlagen und können nicht verwendet
werden. Daher kommt es häufig vor, daß in Betrieben selbst nachgezahnte Sägeblätter nicht mehr richtig arbeiten. Durch das Nachzahnen haben sich die Spannungen in dem Blatt geändert, und das schlechte Arbeiten ist darauf zurückzuführen.
Es ist nicht einfach, ein so großes Warmsägeblatt sachgemäß zu richten. Dazu ist
große Sachkenntnis und praktische Erfahrung notwendig, die die Arbeiter in den
Hüttenbetrieben meistens nicht haben können. Das Sägenrichterhandwerk ist
hauptsächlich in Remscheid zu Hause, wo wirklich gute Sägenrichter sehr gesuchte
Leute sind und gut bezahlt werden. Bei Kaltsägeblättern wurde schon empfohlen,
diese zum Nachrichten an die Lieferfirma einzusenden, in noch höherem Maße ist

dies bei Warmsägeblättern notwendig, da erfahrungsgemäß durch Richtversuche von Schlossern oder sonst sehr tüchtigen anderen Handwerkern mehr verdorben als genutzt wird.

Zum guten und ruhigen Laufen der Sägeblätter trägt das sachgemäße Richten außerordentlich bei, die Blätter müssen aber auch sehr genau ausgewuchtet sein, da durch Unbalanzen in den Blättern bei der hohen Umlaufgeschwindigkeit starke Stöße und Erschütterungen entstehen. Frühzeitige Abnutzung der Lager und dadurch weiteres ungenaues und unsauberes Arbeiten der Blätter sind die Folgen, die sich schließlich bis zur Zerstörung der Maschine und des Blattes auswirken können. Unbalanzen können in den Blättern schon in erheblichem Maße infolge der erwähnten ungleichmäßigen Stärke der Bleche vorhanden sein, sie können aber auch durch verschiedene Dichtigkeit des Werkstoffes hervorgerufen sein und schließlich auch durch die Art der Bearbeitung entstehen. Auch beim Nachstanzen der Zähne in den Betrieben kann eine Unbalanz in das Blatt hineinkommen, die vor dem Einbau des Blattes wieder beseitigt werden muß. Bei den Warmsägeblättern, die im Verhältnis zum Durchmesser sehr dünn sind und bei denen daher keine Kräftepaare in verschiedenen Ebenen auftreten können, ist das statische Auswuchten am Platze. Hierfür sind in vielen Werkstätten waagerecht gelegte Dreikantlineale in Gebrauch. In die Bohrung des Sägeblattes wird eine Scheibe eingesetzt, die vorher genau ausgewuchtet ist, und durch das Mittelloch der Scheibe eine Achse gesteckt. Man läßt nun das Sägeblatt mit der Achse auf den Dreikantlinealen abrollen und stellt das etwa vorhandene Übergewicht fest. Dies wird durch Bohren von Löchern an der schwereren Stelle oder durch Schleifen beseitigt und das

Abb. 99. Auswuchtapparat.

Auswägen so oft wiederholt, bis sich kein Übergewicht mehr zeigt. Die Lineale mit ihren schmalen Kanten werden jedoch leicht beschädigt und ergeben nur dann eine genaue Auswuchtung, wenn sie genau waagerecht und parallel zueinander laufen. Bei Verwendung an mehreren Stellen im Betriebe müssen sie immer wieder genau ausgerichtet werden, was viel Arbeit erfordert und zu Ungenauigkeiten Anlaß gibt. Um dies zu vermeiden, ersetzt man die Lineale durch Auswuchtapparate nach Abb. 99, deren Welle mit Spannflanschen in Wälzlagern mit geringster Reibung läuft und selbst genauest ausgewuchtet ist. Sie dienen auch zum Auswuchten von Schleifscheiben u. dgl.

III. Die Trennkreissägen (Trennmaschinen).

44. Das Arbeiten mit den Trennsägeblättern. Eine besondere Gattung von Kaltsägen sind die Metalltrennmaschinen, die nach dem Schnellreibverfahren arbeiten. Dieses besteht darin, daß eine schnell umlaufende dünne Stahlscheibe gegen das zu zerschneidende Werkstück gedrückt wird. Dadurch entsteht so viel Reibungswärme, daß die vom Scheibenumfang berührten Stoffteilchen zum Glühen und Schmelzen kommen und aus der Schnittfuge herausgeschleudert werden. Unterstützt wird die Erzeugung der Reibungswärme noch dadurch, daß der Scheibenumfang mit feinen Riefen, einer Art Rändelung, versehen wird (Abb. 100). Durch das Rändeln oder Aufrauhen wird gleichzeitig der Scheibenrand etwas verbreitert, so daß das Blatt in der Schnittfuge frei läuft und seitlich nicht reibt.

Die Scheiben arbeiten mit einer Schnittgeschwindigkeit von etwa 120 m/s. Der Vorschub geschieht von Hand oder maschinell; er soll gleichmäßig und der Art und Stärke des Schnittgutes angepaßt sein. Er wird am besten so geregelt, daß der bedienende Arbeiter einen Strommesser vor sich hat und den Vorschub so bedient, daß immer die festgesetzte Stromstärke erreicht und auch nicht überschritten wird. Die Scheibe muß bis zur Beendigung des Schnittes in stetiger Berührung mit dem Werkstück bleiben, weil sonst keine genügende Reibung auftritt und die erhitzten Werkstoffteilchen nicht schnell genug aus der Schnittfuge herausgeschleudert werden. Eine starke Gratbildung wäre die Folge.

Infolge der hohen Umlaufgeschwindigkeit bleiben die einzelnen Umfangsstellen des Blattes nur sehr kurze Zeit in der Schnittfuge und erwärmen sich nicht stark. Durch den ent-

Abb. 100. Trennsägeblatt mit Rändelapparat.

stehenden Luftstrom sowie durch einen starken Wasserstrahl werden außerdem die Blätter beim Arbeiten gekühlt. Das Schneiden mit diesen Blättern geht sehr schnell, z. B. werden Doppel-T-Träger von 450 mm Höhe in 55 Sekunden, Winkeleisen von 160×100 mm Schenkellänge in 28 Sekunden geschnitten. Sie eignen sich hauptsächlich für Profile, es können aber auch nicht zu starke Vollwerkstücke geschnitten werden, jedoch ist bei diesen die Schnittzeit kaum kürzer als beim Zersägen auf modernen Kaltkreissägemaschinen. Stärkere Vollwerkstücke werden zweckmäßig während des Schneidens um ihre eigene Achse gedreht. Auch gehärtete Stahlteile können abgetrennt werden, was auf den spanabhebenden Kaltsägen nicht möglich ist. Für die Verwendung der Maschine auf Schrottplätzen kann dies von Vorteil sein.

Der Kraftverbrauch ist infolge des zur Erzeugung der Reibungswärme nötigen hohen Anpreßdruckes sehr groß, da aber andererseits sehr schnell geschnitten wird, ist der Leistungsbedarf für einen Schnitt nicht so erheblich. Es ist aber ein verhältnismäßig sehr starker Motor erforderlich.

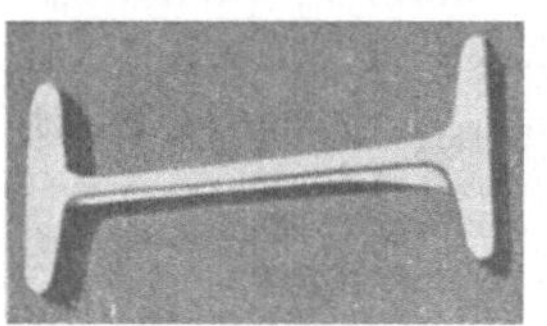

Abb. 101.
Gratbildung beim Trennsägen.

Die Schnittfläche wird entsprechend dem Schnittvorgang nicht so glatt und schön wie beim Kaltsägen. Die Randzonen weisen eine leichte Gefügeveränderung auf, die aber nur den Bruchteil eines Millimeters in den Werkstoff eindringt. Die Änderung der Härte in dieser Zone ist auch nur gering, und nur bei Werkzeugstählen und höher legierten Stählen ist die Härtezunahme größer. Eine Gratbildung an den Schnittflächen läßt sich nicht ganz vermeiden und liegt in der Eigenart des thermisch-dynamischen Schneidverfahrens begründet, da an der Schnittstelle der Werkstoff zum Fließen gebracht wird. Der Grat, der bei gut hergestellten und ausgewuchteten Trennblättern entsteht, ist aber nicht erheblich (Abb. 101) und kann mit Hammer und Meißel (Preßluftmeißel od. dgl.) leicht entfernt werden. Bei härteren Werkstoffen, Stahl höherer Festigkeit, Mangan- oder Chromnickelstahl, bildet sich wesentlich weniger Grat.

In Eisenkonstruktionswerkstätten, Brückenbauanstalten, großen Maschinenfabriken und auf Schrottplätzen finden die Trennmaschinen vorteilhaft Verwendung. Abb. 102 zeigt eine Trennmaschine mit Trennscheibe, die vom Motor unmittelbar angetrieben wird.

45. Ausführung der Blätter. Hergestellt werden die Trennsägeblätter aus einer zähen, weichen Flußstahllegierung; sie werden ebenso wie die Warmsägeblätter wegen ihrer hohen Umlaufzahl sehr genau ausgewuchtet und gerichtet. Die Herstellungsmaße, die im allgemeinen angewendet werden, sind aus Tab. 11 zu ersehen.

Beim Arbeiten mit den Blättern ist auf den Zustand der Rändelung zu achten. Diese nutzt sich allmählich je nach der Härte des zu schneidenden Werkstoffes ab und muß, sobald sich ein stärkerer Verschleiß bemerkbar macht, erneuert

Abb. 102. Trennsäge.

werden. Zu diesem Zweck wird auf einer Kopf- oder Karusseldrehbank der gerändelte Rand abgedreht und der Umfang mit einem Rändelapparat nach Abb. 100 neu aufgerauht. Das Sägeblatt kann so oft neu gerändelt werden, bis es im Durchmesser zu klein geworden ist. Durch das Abdrehen des Randes kann sich die Spannung in dem Blatt verändern. Es fängt dann infolge der großen Umlaufzahl auf der Maschine zu flattern an und ergibt keinen geraden Schnitt mehr. Dann muß das Blatt neu gerichtet werden, was am besten bei der Herstellerfirma geschieht. Die Lebensdauer eines Blattes ist im allgemeinen

Tabelle 11.
Abmessungen der Trennsägeblätter.

Blatt ⌀ mm	Blattstärke mm	Schnittbreite mm	Teilung d. Kordierung mm
300	1,5	3,5	1
500	2	4	1
650	4	4	2
700	4	6	2
900	5	7	2
1300	8	10	2

groß, und die entstehenden Werkzeugkosten sind entsprechend gering.

46. Gußtrennblätter. Durch eine Änderung in der Ausbildung des Sägeblattes ist es auch möglich, die Trennmaschinen in Grau- und Stahlgießereien für das Absägen von Trichtern, verlorenen Köpfen und anderen Arbeiten zu verwenden. Die Gußtrennblätter erhalten neben der Rändelung noch Einfräsungen am Umfang, wodurch eine dauernde Unterbrechung der Reibung zwischen Werkstück und Scheibe hervorgerufen wird (Abb. 103). Dies hat sich aus Gründen der Verschiedenheit des wärmetechnischen Verhaltens des Grau- und Stahlgusses gegenüber Eisen und Stahl als notwendig erwiesen. Vorteilhaft ist es, daß die Trennscheiben, im Gegensatz zu den spanabhebenden Kaltsägen,

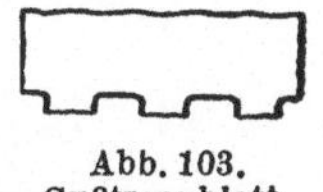

Abb. 103. Gußtrennblatt.

gegen Lunkerstellen und Sandeinschlüsse unempfindlich sind. Verschiedene Verwendungsmöglichkeiten der Trennmaschinen zeigen die Abb. 104—106, aus denen auch zu ersehen ist, daß Motor mit Schneidscheibe und Werkstück gegeneinander ausgetauscht werden können. Das kann für sperrige Gußstücke öfters von Vorteil sein.

Für weichere Werkstoffe, wie Kupfer und Messing, sind die Trennmaschinen weniger geeignet.

47. Anwendung der Trennmaschinen. Bei Beurteilung der Wirtschaftlichkeit der Trennmaschinen ist zu berücksichtigen, daß die Anlagekosten gegenüber Kaltkreissägen erheblich höher sind. Zum Schneiden von gleichen Werkstoffquerschnitten werden infolge der Bauart der Trennmaschinen weit größere Blattdurchmesser benötigt, der Antriebsmotor muß mindestens die fünffache Größe haben und wegen der starken Stromstöße, die beim Arbeiten mit der Maschine auftreten können, müssen auch die Leitungsquerschnitte größer genommen werden als sonst

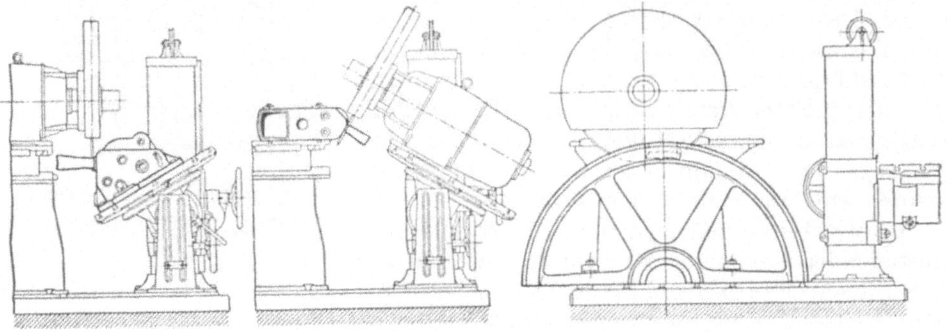

Abb. 104—106. Verschiedene Verwendungsmöglichkeiten der Trennsäge.

nötig. Wenn auch das Geräusch beim Arbeiten bei der jetzigen Ausführung von Maschine und Werkzeug wesentlich geringer ist als früher, so wird man trotzdem eine solche Maschine nicht gern in sonst geräuschloseren Maschinensälen aufstellen wollen. In den obenerwähnten Betrieben spielt dagegen der Lärm wegen des schon herrschenden Getöses keine Rolle.

V. Weitere Schneidverfahren.

A. Bandsägemaschinen.

48. Metallbandsägen. Ebenfalls Maschinen mit umlaufendem und daher ununterbrochen arbeitendem Sägeblatt sind die Metallbandsägen, die in ihrem Aufbau den in der Holzbearbeitung üblichen Maschinen ähneln (Abb. 107). Sie dienen im wesentlichen für Sonderzwecke: für das Absägen von Trichtern und Angüssen an Rot-, Messing- und Leichtmetallguß, zum Zerteilen und Ausschneiden von Blechen, wobei auch bis zu einem gewissen Grade Bogenschnitte ausgeführt werden können. Die Sägeblätter aus Kohlenstoff- und auch aus legiertem Stahl erhalten zum Freischneiden geschränkte Zähne. Sie bilden ein endloses Band, das auf zwei mit Gummi belegten Scheiben läuft und zwischen diesen oberhalb des Werkstückes sowie unterhalb des Tisches von je zwei Seitenrollen und einer Rückenrolle geführt wird. Die untere Scheibe ist die Antriebsscheibe und ortsfest gelagert, während mit der

Abb. 107. Metallbandsäge.

oberen senkrecht einstellbaren Scheibe das Sägeblatt gespannt werden kann. Ein Spanabstreifer unterhalb des Tisches befreit das Sägeblatt von Spänen, was auch zur

Schonung der Gummiauflagen erforderlich ist. Das Werkstück wird auf dem Tisch befestigt und kann von Hand oder selbsttätig vorgeschoben werden. Nach beende-tem Schnitt läuft der Tisch mit be-schleunigter Geschwindigkeit zurück. Bei veränderlichen Querschnitten, z. B. bei einem flachliegenden Doppel-T-Träger, kann der Vorschub bei dem kleineren Querschnitt in der Mitte während des Ganges der Maschine ver-größert werden. Bei anderen Ma-schinenkonstruktionen wird die Vor-schubbewegung auch von dem Säge-band ausgeführt. Dazu sind die beiden Sägebandrollen auf einem Schlitten ge-lagert, der am Ständer der Maschine geführt wird (Abb. 108). Die Säge-bandscheiben sind um etwa 15° gegen die Schnittgutachse verdreht, so daß das nicht schneidende Trum des Sägebandes bei längeren Abschnitten mit dem Werkstoff nicht in Berüh-rung kommt. Die Anpassung der Schnittgeschwindigkeit an die Art des zu schneidenden Werkstoffes erfolgt

Abb. 108. Bandsägemaschine mit maschinellem Vorschub.

durch einen Getriebekasten oder durch Regelmotor. Zur Ausführung von Geh-rungsschnitten wird, ähnlich wie bei den Kaltkreissägen, die Maschine mit einem drehbaren, am Boden auf Rollen laufenden Werkstückaufspann-tisch, der genau unter jedem Winkel einstell-bar ist, ausgestattet.

Gut geschärfte und regelmäßig geschränkte Bandsägeblätter sind auch bei diesen Maschi-nen die Vorbedingung für ein wirtschaftliches Arbeiten. Zum Schär-fen und Schränken die-nen selbsttätige Schärf- und Schränkmaschi-nen, die meist auch mit einer Vorrichtung zum Löten der Sägeblätter versehen sind. In der Regel genügt eine sol-che Maschine für das

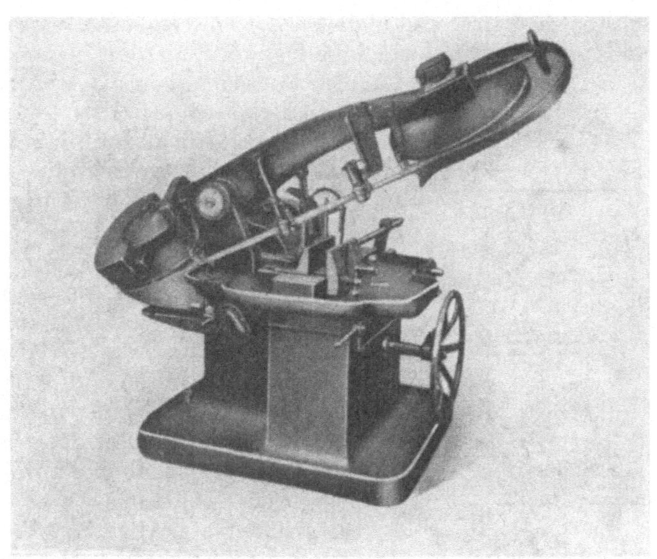

Abb. 109. Waagerechte Metallbandsäge.

Schärfen und Schränken von mindestens drei Bandsägemaschinen.

Eine wesentlich andere Form zeigt eine amerikanische Bandsäge (Abb. 109). Das Bandsägeblatt ist hier waagerecht gelagert und vor und hinter dem Schnitt durch Rollen gut geführt, so daß es möglich ist, sehr gerade Schnitte zu erzielen. Die Sägeblattstärke beträgt nur 0,9 mm. Auf diesen Maschinen können alle Werkstoffe wie auf einer Kaltkreissäge aufgespannt und geschnitten werden.

Der Vorteil der Bandsägemaschinen gegenüber den Kaltkreissägen liegt in dem wesentlich geringeren Stoffverlust, der etwa der gleiche wie bei einer Hubsäge ist. Dagegen sind die Schnittzeiten infolge des umlaufenden Sägeblattes erheblich kürzer als auf einer Hubsäge, wenn auch noch etwa 3—4mal so lang wie auf einer Kaltkreissäge. Von Werkstätten, die hochwertigen Werkstoff verarbeiten, wie von Werkzeugfabriken beim Schneiden von Schnellstahl, kann durch Verwendung dieser Maschinen viel Abfall erspart werden, bei sehr erhöhter Schnittleistung gegenüber den sonst wohl für diese Zwecke gern gebrauchten Hubsägen.

49. Schmelzbandsägen. Eine Neuerung bildet das Schmelzbandsägen, das dem Trennsägen mit Trennsägeblättern, übertragen auf die Bandsäge, entspricht. Das Bandsägeblatt muß hierzu mit großer Geschwindigkeit, bis 100 m/s, umlaufen, wodurch so viel Reibungswärme entsteht, daß der Werkstoff teigförmig wird und in diesem Zustand von den nachfolgenden Zähnen sehr leicht geschnitten und durch die Sägezähne herausgeschleudert wird (Abb. 110).

Es können normale Bandsägeblätter verwendet werden, die schon abgestumpft sind. Die Spitzen würden bei den hohen entstehenden Temperaturen sowieso schnell ausglühen und stumpf werden. Die Abstumpfung muß allerdings sehr gleichmäßig sein, damit nicht ein Zahn beim Schneiden mehr belastet wird als der

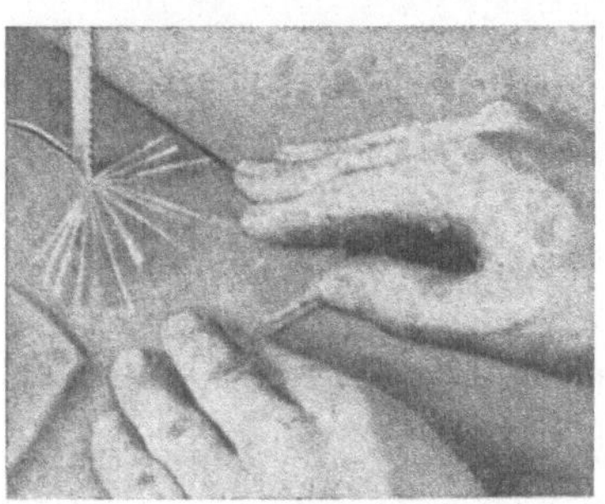

Abb. 110. Schmelzsägen.

nächste. Je härter und je dicker der zu trennende Werkstoff ist, um so größer soll auch die Schnittgeschwindigkeit gewählt werden. Unter Umständen können auch Tischlerbandsägen benutzt werden, die ja immer größere Geschwindigkeiten aufweisen, unter der Voraussetzung, daß sie als solche kräftig genug und schwingungsfrei gebaut sind, und auch die Schutzvorrichtungen sorgfältig genug durchgebildet sind. Die Metallbandsägen müssen jedenfalls auf höhere Schnittgeschwindigkeiten umgestellt werden und müssen diese auch aushalten können.

Nicht alle Werkstoffe lassen sich mit diesem Schmelzverfahren trennen. Die Härte spielt bei Stahl keine Rolle, Legierungsbestandteile wie Wolfram sind dagegen hinderlich. Auch Hartmetalle auf karbidischer Grundlage sind geeignet, aber für Kupfer und kupferreiche Legierungen und Leichtmetalle versagt das Verfahren, da diese durch ihre gute Wärmeleitfähigkeit die Wärme zu schnell vom Entstehungsort ableiten.

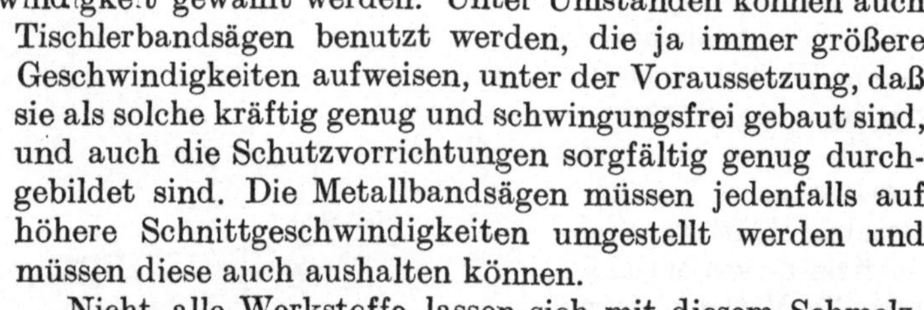

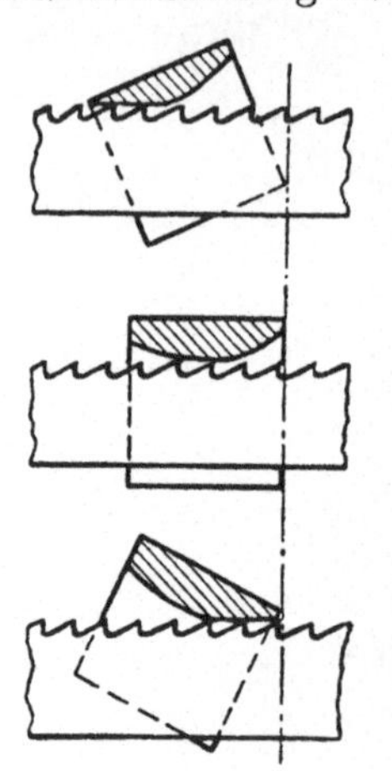

Abb. 111.
Schwenken des Arbeitsstückes
beim Schmelzsägen.

Die größte Materialstärke ist etwa 20 mm, beim Schneiden von Rohren kommen auch größere Stärken in Betracht. Stärkere Stücke können gegebenenfalls so geschnitten werden, daß man sie um die Längsachse auf- und abschwenkt, um die Eingriffshöhe des Sägeblattes in zulässigen Grenzen zu halten (Abb. 111). Von der Materialstärke hängt auch die Sägeblattbreite ab, da bei größerer Stärke ein größerer Vorschubdruck notwendig ist, der nur von einem größeren Widerstandsmoment des Sägeblattquerschnittes ausgehalten werden kann. Mit entsprechend schmalen Sägeblättern können auch nicht zu enge Kurven geschnitten werden.

Naturgemäß ist die Gesamtschnittleistung und damit die Lebensdauer eines solchen Schmelzbandes nicht sehr groß. Das Verfahren ist aber für manche Zwecke trotzdem wirtschaftlich, wenn man die niedrigen Kosten des Sägeblattes, die Schnelligkeit und Güte des Schnittes und den geringen Schnittverlust berücksichtigt.

B. Elektrotrennverfahren.

Eine interessante Verbindung von Schnellreibsäge und elektrischem Lichtbogen stellt das Elektrotrennverfahren dar, das erstmalig auf der Leipziger Frühjahrsmesse 1926 vorgeführt wurde. Der Werkstoff der Schnittfuge wird hierbei ebenso wie beim Schnellreibverfahren zunächst durch das Sägeblatt erhitzt, geschmolzen und dann herausgeschleudert, nur mit dem Unterschied, daß der Werkstoff nicht durch Reibung, sondern durch den elektrischen Lichtbogen erwärmt wird. Die mit einer Umlaufgeschwindigkeit von 120 m/s arbeitende Trennscheibe wird mit einem Pol einer elektrischen Stromquelle und das zu sägende Werkstück mit dem anderen Pol verbunden (Abb. 112). Beide, Trennscheibe und

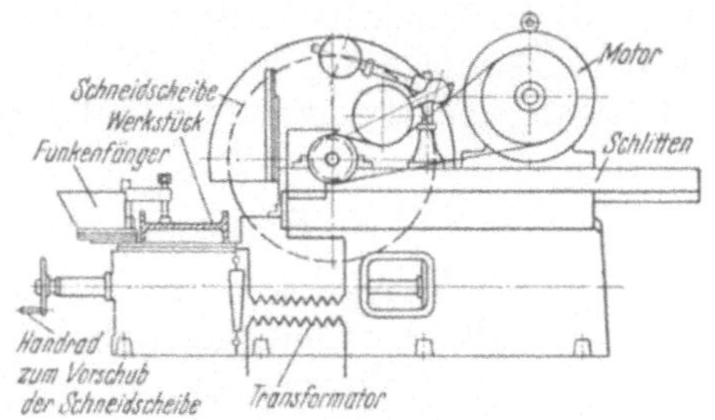

Abb. 112. Elektrotrennsäge.

Werkstück, müssen zu diesem Zweck sehr gut isoliert gelagert bzw. aufgespannt werden. Je nach den Abmessungen des Arbeitsstückes muß der Strom eine bestimmte Stärke und Spannung haben, so daß sich an der Eingriffsstelle der umlaufenden Trennscheibe im Werkstück ein elektrischer Lichtbogen ausbilden kann. Auf diese Weise wird der Werkstoff der Schnittfuge erhitzt und durch die Zähne des Sägeblattes herausbefördert (Abb. 113). Das Sägeblatt trägt also an seinem Umfang Zähne wie ein Kaltsägeblatt, leistet aber selbst keine mechanische Arbeit, sondern dient nur als Stromträger und zum Beseitigen der geschmolzenen Metallteilchen. Beim Anschneiden wird die Trennscheibe,

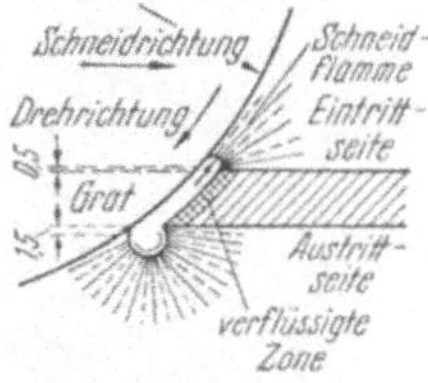

Abb. 113. Wirkungsweise
des Elektrotrennblattes.

nachdem sie die volle Umdrehungszahl erreicht hat, in leichte Berührung mit dem Arbeitsstück gebracht. Es erscheint an der Eingriffsstelle eine grelle elektrische Flamme, und kräftig sprühende Funken spritzen nach oben und unten aus der Fuge heraus. Wird die Scheibe zu kräftig gegen das Werkstück gedrückt, so daß sich kein elektrischer Lichtbogen bilden kann, so wird das Sägeblatt in kürzester Zeit abgenutzt und zerstört, da es dann sofort mechanische Schnittarbeit leisten muß, der es bei der hohen Umlaufgeschwindigkeit und der Art seiner Herstellung aus ungehärteten Flußstahlblechen nicht gewachsen ist. In den Zahnlücken setzen sich nach einiger Betriebsdauer die geschmolzenen Metallteilchen fest und verhindern ein weiteres Arbeiten. Um weiter sägen zu können, müssen sie erst entfernt werden, was nicht ganz einfach ist, da sie meist sehr fest sitzen.

Das Sägeblatt ist, damit es freischneidet, am Rande stärker als in der Mitte, entweder mit gestauchten oder geschränkten Zähnen oder verjüngt geschliffen.

Der Lichtbogen sollte immer an den Zahnspitzen übertreten, es zeigt sich aber beim Arbeiten, daß sich der breitere Rand sehr bald abnutzt und das Blatt unbrauchbar wird. Das muß entweder daran liegen, daß der Werkstoff an den Seitenwänden der Schnittfugen nicht warm genug wird und dadurch die seitlich etwas vorstehenden Zahnecken sich abnutzen, oder daß auch an diesen Stellen ein Lichtbogen sich ausbildet und die Ecken der Zähne verbrennt. Die Schwierigkeit des Elektrotrennverfahrens liegt in der richtigen Ausbildung des Sägeblattes, das den Strom gut übertragen muß und sich nicht zu schnell abnutzen darf. An dieser letzten Forderung wird aber dieses sinnvoll erdachte Verfahren wohl scheitern, das wärmewirtschaftlich sehr günstig arbeiten müßte, da die aufgewandte elektrische Energie unmittelbar in Wärme umgesetzt wird.

Die Veränderung des Werkstoffes an der Schnittfläche findet nur auf eine geringe Tiefe statt, und die Schnitte werden einigermaßen glatt, so daß die Maschine zum Schneiden von schweren Profilen, Schienen usw. in Eisenkonstruktionswerkstätten sonst eine gute und wirtschaftliche Verwendungsmöglichkeit finden könnte. Man hat auch versucht, zum Schneiden Gleichstrom zu verwenden und diesen in einem mit der Schneidscheibe zusammengebauten Generator, in dem die Schneidscheibe selbst als Anker läuft, zu erzeugen.

Eine allgemeine Anwendung hat das Elektrotrennen jedoch nicht gefunden.

C. Durchschleifen an Stelle von Sägen.

Dieses Verfahren stammt aus Amerika und fängt an, sich auch bei uns durchzusetzen. Das Wesentliche sind hierbei die geeigneten Schleifscheiben. Sie sind meist bakelitgebundene Korundscheiben mit genügender Porosität und sind zur besseren Kühlung mit Rastern oder Spiralrillen versehen. Ihre Härte ist dem zu schneidenden Werkstoff anzupassen. Ihre Stärke ist im allgemeinen 2—3 mm, so daß ein geringer Schnittverlust beim Arbeiten entsteht, für Sonderzwecke auch bis 0,1 mm z. B. zum Spalten von Schreibfedern. Die Schnittgeschwindigkeit beträgt etwa 80 m/s und sollte, auch bei kleiner werdendem Durchmesser, möglichst konstant gehalten werden, was allerdings eine stufenlose Drehzahleinstellung erforderlich machen würde. Die Scheiben erzeugen eine vollkommen glatt geschliffene Schnittfläche, ohne den Werkstoff zu verbrennen.

Die Maschinen sind an sich sehr einfach gebaut, wobei besonders zu berücksichtigen ist, daß die Lagerung der Schleifwelle den hohen Umdrehungszahlen (bis 7000 U/min) angepaßt ist. Auch nicht das geringste axiale Spiel darf vorhanden sein, um ein Flattern der Scheibe unter allen Umständen zu vermeiden. Zum Schutze des Bedienungsmannes bei etwaigem Zerspringen der Scheibe ist eine unbedingt sichere und kräftige Schutzvorrichtung vorgesehen. In einem Schraubstock wird das Werkstück, am besten beiderseitig, eingespannt und der Schleifschlitten mit der Schleifscheibe von Hand gegen das Werkstück gedrückt (Abb. 114).

Abb. 114. Abstechschleifmaschine.

Das Verfahren eignet sich besonders für kleinere Querschnitte in der Massenfertigung. Das Schneiden geht sehr schnell und alle Werkstoffe werden gleich gut geschnitten, weiche Metalle, Kunststoffe, alle Stahlsorten und auch gehärtete Werkzeug- und Schnellstähle, sowie Hartmetalle. Da die letzteren sonst gar nicht geschnitten werden können, bietet sich durch dieses Verfahren die Möglichkeit, in manchen Fällen die Herstellungsverfahren abzuändern und zu verbessern. Die Maschinen werden für Scheiben von 300—400 mm Durchmesser gebaut und sind für Vollwerkstoff bis 50 mm ∅ und Profile und Rohre von gleichem Querschnitt zu gebrauchen. Durch Drehen des Werkstückes beim Trennen wird es auch möglich, starkwandigere Rohre zu schneiden. Wenn größere Vollquerschnitte geschnitten werden sollen, wäre ein Umlaufen des Arbeitsstückes zu empfehlen, was aber bei der Unhandlichkeit von Stangenmaterial auf Schwierigkeiten stößt.

Von einer Stahlstange von 9 mm ∅ können z. B. in 2½ Minuten 100 Stücke abgeschnitten werden, ein Schnitt durch Vollwerkstoff von 45 mm ∅ dauert etwa 6 Sekunden. Winkeleisen 30×30×3 mm wird in 3 Sekunden geschnitten. Die Anzahl der Schnitte, die eine Scheibe leisten kann, ist sehr hoch. Da außerdem das lästige Schärfen, wie es bei Sägeblättern notwendig ist, wegfällt, ist das Durchschleifen kleiner Querschnitte in vielen Fällen sehr brauchbar.

Für Photos und Bildstöcke hat der Verfasser folgenden Firmen zu danken:

Gebr. Heller, Nürtingen: Abb. 21, 35, 37, 45, 47, 57, 58.
Gustav Wagner, Reutlingen: Abb. 24, 31, 36, 39, 42, 43, 46, 50, 54, 63, 68.
Burckhardt & Weber, Reutlingen: Abb. 55.
Joh. Wilh. Arntz, Remscheid: Abb. 29a, 96, 97.
Marswerke, Nürnberg-Doos: Abb. 100, 101, 102.
Wafios, Reutlingen: Abb. 83, 87.
Loos & Kinkel, Remscheid: Abb. 85, 86.
Laeis-Werke, Trier: Abb. 88, 89, 91.
Richard Weber & Co., Berlin: Abb. 40.
David Dominikus, Remscheid: Abb. 79.
Trebelwerk, Düsseldorf: Abb. 69.
Gebr. Thielicke, Berlin: Abb. 109.
Ohler, Remscheid: Abb. 38.
Gebr. Löwe, Düsseldorf: Abb. 114.
Franz Berrenberg, Haan/Rhld.: Abb. 84.
Emrich, Mühlacker: Abb. 108.
Kaltenbach, Lörrach i. Baden: Abb. 110.
Otto Junker, Lammersdorf (über Aachen) Abb. 51, 52, 53.

Richtige
und gleichmäßige Härte
bürgt für höchste
Leistung der
„GNU"-Sägen.
GNU
AUGUST GRAEF
METALLSÄGENFABRIK
WUPPERTAL-BARMEN 5

Ohler
KALTKREISSÄGEMASCHINEN
JOH. FRIEDRICH OHLER-REMSCHEID

Die bekannten Farbkennzeichnungen
unserer Erzeugnisse sind die Garanten
für Präzision und Leistung.
NEUENTEICHWERK
Lennep (Rhld.)
MANITOU GOLD
COBALT SILBER
VANADIA
MANITOU SSS GOLD

SCHULER
METALLKREISSÄGEN- UND FORMFRÄSERFABRIK
MÜHLACKER-Wttbg.
DEUTSCHLANDS GRÖSSTE METALLKREISSÄGENFABRIK
FSM

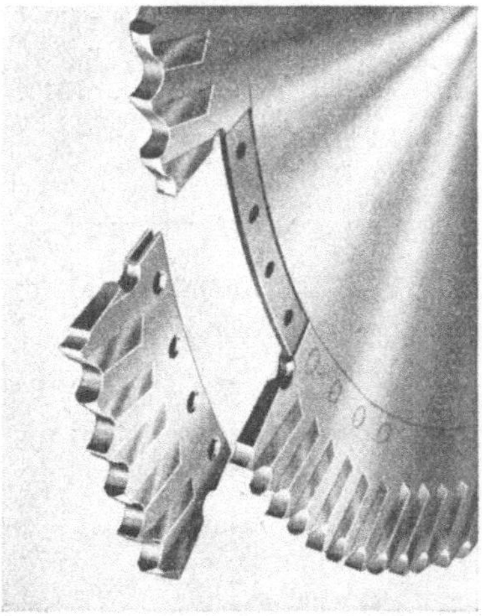

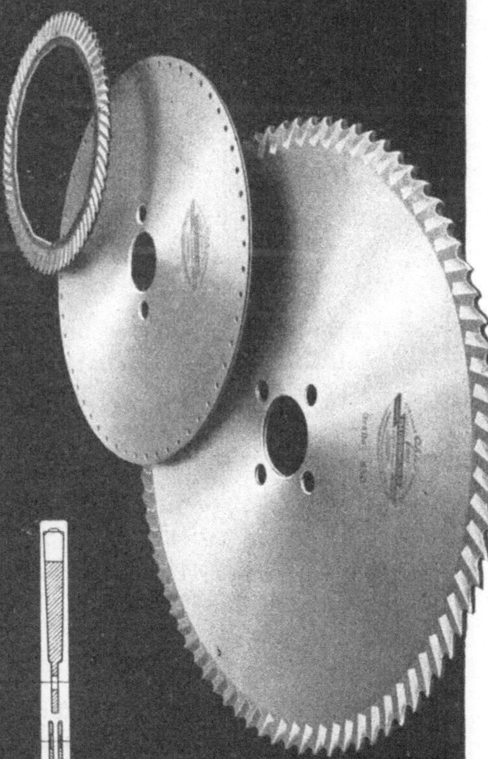

WANDSBEKER WERKZEUG-GESELLSCHAFT · HAMBURG-WANDSBEK (67)